高等职业教育机电类专业"十三五"规划教材

公差配合与测量技术

肖石霞　郭　扬　主　编
陆德光　舒清波　副主编

中国铁道出版社有限公司
CHINA RAILWAY PUBLISHING HOUSE CO., LTD.

内容简介

本书是高等职业教育机电类专业"十三五"规划教材,以《教育部关于以就业为导向深化高等职业教育改革的若干意见》中提出的"高等职业院校必须把培养学生动手能力、实践能力和可持续发展能力放在突出地位"为指导等编写而成。本书以工程或教学中的典型部件减速器为载体,紧密结合生产实际,以先进技术的发展动能为指导精神,组织有企业实践经历的老师参考机电类专业相关职业资格标准编写而成。

本书内容包括减速器传动轴的尺寸公差与检测、衬套配合件的识读与检测、减速器传动轴的几何尺寸公差与检测、表面粗糙度的识读与检测、普通螺纹连接的公差认知与检测、键和花键连接的互换性、滚动轴承的互换性、圆锥和角度的互换性与检测、渐开线圆柱齿轮的互换性与检测 9 个任务。

本书是指导初学者学习机械类专业课的基础教材,可供高职高专院校、高级技师学院作为教学用书,也可作为相关专业技术人员的参考用书。

图书在版编目(CIP)数据

公差配合与测量技术/肖石霞,郭扬主编. —北京:
中国铁道出版社有限公司,2019.9(2022.6重印)
高等职业教育机电类专业"十三五"规划教材
ISBN 978 – 7 – 113 – 26191 – 7

Ⅰ.①公⋯　Ⅱ.①肖⋯ ②郭⋯　Ⅲ.①公差 – 配合 –
高等职业教育 – 教材②技术测量 – 高等职业教育 – 教材
Ⅳ.①TG801

中国版本图书馆 CIP 数据核字(2019)第 186560 号

书　　名:公差配合与测量技术
作　　者:肖石霞　郭　扬

策　　划:李志国　　　　　　　　编辑部电话:(010) 83527746
责任编辑:初　祎　钱　鹏
封面设计:刘　颖
责任校对:张玉华
责任印制:樊启鹏

出版发行:中国铁道出版社有限公司(100054,北京市西城区右安门西街 8 号)
网　　址:http://www.tdpress.com/51eds/
印　　刷:三河市兴达印务有限公司
版　　次:2019 年 9 月第 1 版　　2022 年 6 月第 4 次印刷
开　　本:787 mm×1 092 mm　1/16　印张:8.25　字数:184 千
书　　号:ISBN 978 – 7 – 113 – 26191 – 7
定　　价:25.00 元

前　　言

　　本书是高等职业教育机电类专业"十三五"规划教材,是根据《教育部关于以就业为导向深化高等职业教育改革的若干意见》中提出的"高等职业院校必须把培养学生动手能力、实践能力和可持续发展能力放在突出地位"进行编写,促进学生技能的培养。本书以工程或教学中的典型部件减速器为载体,紧密结合生产实际,并注意及时跟踪先进技术的发展动向,组织有企业实践经历的老师参考机械设计与制造相关职业资格标准编写。

　　本书主要介绍互换性的使用原则和选用方法、公差与配合的基本概念及技术测量基本知识与技能、几何精度设计的基本原理和方法。编写过程中本书力求体现以下特色:①采用最新的国家标准,具有较强的实用性与通用性;②为配合理实一体化的课程教学需要,主体采用了"任务驱动"的模式,选用实际产品减速器的零件为载体,以任务的形式展开,结合够用为度的原则;③结构完整,体例新颖。

　　本书内容包括减速器输入轴的尺寸公差与检测、衬套配合件的识读与检测、减速器传动轴几何公差与其检测、表面粗糙度的识读与检测、普通螺纹连接的公差认知与检测、键和花键连接的互换性、滚动轴承的互换性、圆锥和角度的互换性与检测、渐开线圆柱齿轮的互换性与检测,共有9个任务。

　　本书由贵州工业职业技术学院肖石霞、郭扬担任主编,贵州装备职业技术学院陆德光、贵州工业职业技术学院舒清波担任副主编。具体分工如下:肖石霞编写任务1、任务2和任务3,郭扬编写了任务8、任务9,陆德光编写了任务4、任务5,舒清波编写了任务6、任务7。

　　编写过程中,编者参阅了国内外出版的有关教材和资料,得到了贵州工业职业技术学院各位老师的有益指导,在此一并表示衷心感谢!

　　由于编者水平有限,书中难免存在疏漏及不足之处,恳请读者批评指正。

编　者

2019 年 6 月

目　　录

任务1 减速器传动轴的尺寸公差与检测

【学习目标】

(1)掌握有关公差、尺寸、偏差的专业术语、名词及定义的含义;

(2)能正确识读工程图纸上的尺寸、公差、偏差等,能理解其公差代号的含义;

(3)能正确使用公差及偏差相关数值表;

(4)能根据要求正确选择量具并确定验收极限,能使用指定量具对零件进行检验。

【任务描述】

减速器上的传动轴零件图如图1-1所示。图中 φ45m6、φ55j6、φ56r6、12N9、16N9 的含义及其上下极限偏差是多少?用什么量具检测该零件,并检测、判断该零件上的尺寸是否合格。

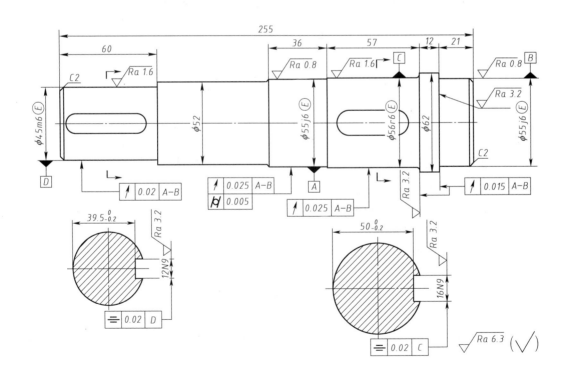

图1-1 减速器传动轴零件图

【知识链接】

减速器是一种相对精密的机械,它的作用是降低转速,增加转矩。在现代机械中应用极为广泛。减速器主要由传动零件(齿轮或蜗杆)、轴、轴承、箱体及其附件所组成,如图1-2所示。

图 1-2 减速器

1.1 基 本 概 念

1.1.1 孔和轴

孔:通常指工件的圆柱形内表面,也包括其他由单一尺寸确定的非圆柱形内表面(由两平行平面或切面形成的包容面)。

轴:通常指工件的圆柱形外表面,也包括其他由单一尺寸确定的非圆柱形外表面(由两平行平面或切面形成的被包容面)。

孔是包容面,尺寸界限之间无材料,越加工尺寸越大;而轴是被包容面,尺寸界限之间有实体,越加工尺寸越小。

如图 1-3 所示,由尺寸 D_1、D_2、D_3、D_4 确定了圆柱形内表面或两平行平面或切面形成的包容面,这些尺寸确定的包容面均称为孔;由尺寸 d_1、d_2、d_3、d_4 确定了圆柱形的外表面或两平行平面或切面形成的被包容面,这些尺寸确定的被包容面均称为轴;当平行平面或切面既不能形成包容面也不能形成被包容面时,这样的尺寸为长度尺寸,如尺寸 L_1、L_2、L_3。通俗的说,就是尺寸界限包围的实体是轴,尺寸界限被实体所包围的是孔,当尺寸界限既没有包围实体又没有被实体所包围,那么这样的尺寸就是长度尺寸。

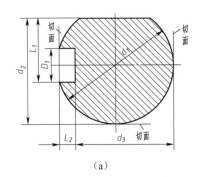
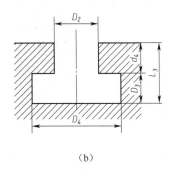

（a）　　　　　　　　　　　　　（b）

图 1-3　孔和轴

1.1.2　尺寸的术语与定义

1. 尺寸

尺寸是特定单位表示线性尺寸值的数值,如直径、半径、宽度、深度和中心距等,机械设计、制造中尺寸单位为毫米(mm)、微米(μm),在图样上标注尺寸时,通常不标注单位,只标注数字,其默认单位为毫米(mm)。尺寸包括线性尺寸和以角度单位表示角度尺寸的数值。

2. 公称尺寸

公称尺寸是由图样规范确定的理想形状要素的尺寸,是由设计给定的,可以用来与极限偏差(上极限偏差和下极限偏差)一起计算得到极限尺寸(上极限尺寸和下极限尺寸)的尺寸。孔的公称尺寸用 D 表示,轴的公称尺寸用 d 表示。一般按标准系列选取公称尺寸。

3. 实际要素

实际要素即实际尺寸,是接近实际要素所限定的工件实际表面的组成要素部分。实际要素尺寸是通过测量获得的某一孔或轴的尺寸,孔的实际尺寸以 D_a 表示,轴的实际尺寸以 d_a 表示。由于测量过程中存在测量误差,所以实际尺寸往往不是被测尺寸的真实大小(真正尺寸)。而且,多次测量同一尺寸所得的实际尺寸也是各不相同的。通常情况下,实际要素尺寸均指局部实际尺寸,即用两点法测得的尺寸。所以在同一工件上就存在 d_{a1}、d_{a2}、d_{a3}、d_{a4}、d_{a5} 的情况,如图 1-4 所示,不同的测量位置,不同的直径方向将测量得到不同的测量数值。

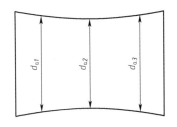
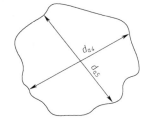

图 1-4　实际尺寸

4. 极限尺寸

极限尺寸是指尺寸要素所允许变动的两个极端值。

（1）上极限尺寸:即允许尺寸的最大值。

（2）下极限尺寸:即允许尺寸的最小值。

孔的上、下极限尺寸分别以 D_{max} 和 D_{min} 表示；轴的上、下极限尺寸分别以 d_{max} 和 d_{min} 表示，如图 1-5 所示。孔和轴的实际尺寸 $D_a(d_a)$ 应位于其中，也可达到极限尺寸。一般情况下，零件加工完成后，尺寸合格的条件是任一局部实际尺寸均不得超出上、下极限尺寸，表示为

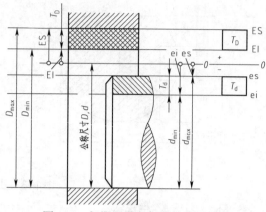

图 1-5 极限尺寸与极限偏差的关系

$$孔：D_{min} \leqslant D_a \leqslant D_{max}$$
$$轴：d_{min} \leqslant d_a \leqslant d_{max}$$

1.1.3 偏差术语和定义

1. 尺寸偏差

尺寸偏差是指某一尺寸(实际要素尺寸、极限尺寸等)减去其公称尺寸所得的代数差称为尺寸偏差(简称偏差)。偏差可为正或负，也可为零。

2. 实际偏差

实际偏差即实际尺寸减去其公称尺寸所得的代数差称为实际偏差，公式表示为

$$孔的实际偏差：E_a = D_a - D$$
$$轴的实际偏差：e_a = d_a - d$$

极限偏差：即极限尺寸减其公称尺寸所得的代数差。

(1)上极限偏差：上极限尺寸减去其公称尺寸所得的代数差称为上极限偏差。孔的上极限偏差用 ES 表示；轴的上极限偏差用 es 表示。

(2)下极限偏差：下极限尺寸减去其公称尺寸所得的代数差称为下极限偏差。孔的下极限偏差用 EI 表示；轴的下极限偏差用 ei 表示。极限偏差可用下列公式表示：

上极限偏差：$ES = D_{max} - D$ $es = d_{max} - d$

下极限偏差：$EI = D_{min} - D$ $ei = d_{min} - d$

极限偏差与极限尺寸的关系如图 1-5 所示。

> 标注时，偏差值除零外，前面必须标有正或负号。上偏差总是大于下偏差。标注示例：$50^{+0.034}_{+0.009}$、$50^{-0.009}_{-0.020}$、$30^{+0.009}_{0}$、$30^{0}_{-0.005}$、80 ± 0.009

1.1.4 尺寸公差

1. 尺寸公差

尺寸公差是指允许尺寸的变动量，其值等于上极限尺寸与下极限尺寸代数差的绝对值，或者是上极限偏差与下极限偏差代数差的绝对值，是一个没有符号的绝对值，公式表示如下：

孔的公差 $T_D = |D_{max} - D_{min}| = |ES - EI|$

轴的公差 $T_d = |d_{max} - d_{min}| = |es - ei|$

公差表示尺寸允许的变动范围，即某种区域大小的数量指标，为无符号的绝对值，不允许

为零。尺寸公差是允许的尺寸误差,公差值越大,要求的加工精度越低;公差值越小,要求的加工精度越高。

2. 尺寸误差

尺寸误差是指一批零件的实际尺寸相对于理想尺寸的偏离范围。当加工条件一定时,尺寸误差表征了加工方法的精度。尺寸公差则是设计规定的误差允许值,体现了设计者对加工方法精度的要求。通过测量,可以估算出尺寸误差,而公差不能通过测量得到。

1.1.5 尺寸偏差与尺寸公差

尺寸公差与尺寸偏差是两种不同的概念。两者既有区别又有联系,它们都是由设计规定的。

从工艺上讲,公差是工件的精度指标,公差大小决定了允许尺寸变动范围的大小。若公差值大,则允许尺寸变动范围大,因而要求的加工精度低;相反,若公差值小,则允许尺寸变动范围小,因而要求的加工精度高。

极限偏差表示每个零件尺寸允许变动的极限值,是判断零件尺寸是否合格的依据。

从作用上看,公差影响配合的精度;极限偏差用于控制实际偏差,影响配合的松紧程度。

1.1.6 尺寸公差带

零件的尺寸相对其公称尺寸所允许变动的范围,称为尺寸公差带。以公称尺寸为零线,用适当的比例画出上、下极限偏差,以表示尺寸允许变动的界限及范围,称为公差带图,如图 1-6 所示。

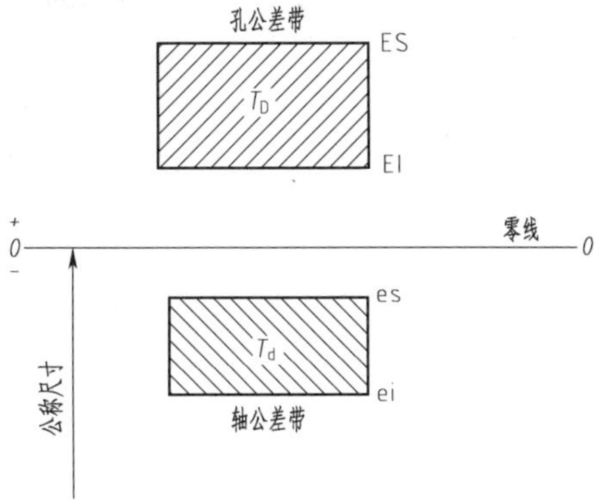

1. 零线

在公差带图中,用来确定极限偏差的基准直线为零偏差线,简称零线,如图 1-6 所示。在公差带图中,零线沿水平方向绘制,正偏差位于零线的上方,负偏差位于零线的下方。偏差数值多以微米(μm)为单位进行标注。

2. 公差带

在公差带图中,由代表上、下极限偏差的两条

图 1-6 公差带图

直线或上、下极限尺寸所限定的一个区域,称为尺寸公差带,简称公差带。公差带表示零件的尺寸相对其公称尺寸所允许变动的范围。

国家标准中,公差带包括"公差带大小"和"公差带位置"两个参数。公差带大小取决于公差数值的大小,公差带的位置取决于基本偏差的大小。基本偏差指离零线最近的那一个极限偏差。

大小相同位置不同的公差带,它们对工件的精度要求相同,而对尺寸合格大小的要求不同。因此,必须既给定公差数值以确定公差带的大小,又给定一个极限偏差来确定公差带的位置,才能完整地描述公差带,表达对工件尺寸的设计要求。

1.2 常见尺寸的标准公差与基本偏差

《极限与配合》标准已对公差值进行标准化,标准中所规定的任一公差称为标准公差。标准公差的数值与两个因素有关:标准公差等级和公称尺寸分段,见表 1-1。

对标准公差等级有如下规定:

(1)确定尺寸精确程度的等级称为公差等级。

(2)国家标准规定了标准公差共有 20 级。各等级代号由字母 IT 与阿拉伯数字两部分组成。IT——标准公差,阿拉伯数字——公差等级,如 7 级标准公差表示为 IT7,读作公差等级 7 级。

(3)同一公差等级对所有公称尺寸的一组公差被认为具有同等精确程度。

(4)等级系列为:IT01,IT0,IT1,…,IT18,其中 IT01 为最高精度等级,IT18 为最低精度等级。

(5)标准公差的数值,由公差等级和公称尺寸决定。

(6)公差等级高,零件的精度高,使用性能提高,但加工难度大,生产成本高;公差等级低,零件的精度低,使用性能降低,但加工难度减小,生产成本低。因而要同时考虑零件的使用要求和加工的经济性能这两个因素,合理选择公差等级。

表 1-1 公称直径 ≤500 mm 的标准公差数值表(摘自 GB/T 1800.1—2009)

公称尺寸/mm		标准公差等级数值																			
		IT01	IT0	IT1	IT2	IT3	IT4	IT5	IT6	IT7	IT8	IT9	IT10	IT11	IT12	IT13	IT14	IT15	IT16	IT17	IT18
		μm													mm						
—	3	0.3	0.5	0.8	1.2	2	3	4	6	10	14	25	40	60	0.1	0.14	0.25	0.4	0.6	1	1.4
3	6	0.4	0.6	1	1.5	2.5	4	5	8	12	18	30	48	75	0.12	0.18	0.3	0.48	0.75	1.2	1.8
6	10	0.4	0.6	1	1.5	2.5	4	6	9	15	22	35	58	90	0.15	0.22	0.36	0.58	0.9	1.5	2.2
10	18	0.5	0.8	1.2	2	3	5	8	11	18	27	43	70	110	0.18	0.27	0.43	0.7	1.1	1.8	2.7
18	30	0.6	1	1.5	2.5	4	6	9	13	21	33	52	84	130	0.21	0.33	0.52	0.84	1.3	2.1	3.3
30	50	0.6	1	1.5	2.5	4	7	11	16	25	39	62	100	160	0.25	0.39	0.62	1	1.6	2.5	3.9
50	80	0.8	1.2	2	3	5	8	13	19	30	46	74	120	190	0.3	0.46	0.74	1.2	1.9	3	4.6
80	120	1	1.5	2.5	4	6	10	15	22	35	54	87	140	220	0.35	0.54	0.87	1.4	2.2	3.5	5.4
120	180	1.2	2	3.5	5	8	12	18	25	40	63	100	160	250	0.4	0.63	1	1.6	2.5	4	6.3
180	250	2	3	4.5	7	10	14	20	29	46	72	115	185	290	0.46	0.72	1.15	1.85	2.9	4.6	7.2
250	315	2.5	4	6	8	12	16	23	32	52	81	130	210	320	0.52	0.81	1.3	2.1	3.2	5.2	8.1

公称尺寸/mm		标准公差等级数值																		
		IT01	IT0	IT1	IT2	IT3	IT4	IT5	IT6	IT7	IT8	IT9	IT10	IT11	IT12	IT13	IT14	IT15	IT16	IT17	IT18
		μm													mm						
315	400	3	5	7	9	13	18	25	36	57	89	140	230	360	0.57	0.89	1.4	2.3	3.6	5.7	8.9
400	500	4	6	8	10	15	20	27	40	63	97	155	250	400	0.63	0.97	1.55	2.5	4	6.3	9.7

1.3　基 本 偏 差

1.3.1　基本偏差及其代号

用以确定公差带相对零线位置的上偏差或下偏差称为基本偏差。

基本偏差的代号用拉丁字母表示,大写代表孔的基本偏差,小写代表轴的基本偏差。除去易与其他代号混的 I、L、O、Q、W(i、l、o、q、w)5 个字母外,再加上用 CD、EF、FG、ZA、ZB、ZC、JS(cd、ef、fg、za、zb、zc、js)两个字母表示的 7 个代号,共有 28 个代号,即孔和轴各有 28 个基本偏差。

1.3.2　基本偏差系列图及特征

从图 1-7 基本偏差系列图可以看出:

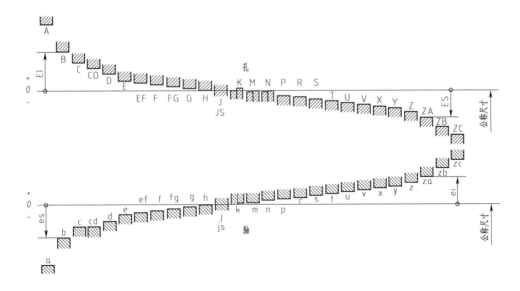

图 1-7　基本偏差系列

（1）孔与轴同字母的基本偏差相对零线呈对称分布。

轴：a 至 h 基本偏差为上偏差 es，h 的上偏差为零，其余均为负值，绝对值依次逐渐减小；j 至 zc 基本偏差为下偏差 ei，除 j 和 k 的部分外都为正值，其绝对值依次逐渐增大。

孔：A 至 G 基本偏差为下偏差 EI，并且其数值为正；H 基本偏差为下偏差 EI，其数值为零；J 至 ZC 为上偏差 ES，除 J 外，其数值一般为负。

（2）代号 JS 和 js，在各公差等级中完全对称，其值为 $\pm\dfrac{\text{IT}n}{2}$，当 ITn 为奇数时，则取偏差为 $\dfrac{\text{IT}(n-1)}{2}$。

（3）代号 K，k，N 随公差等级不同而有两种基本偏差数据值；代号 M 有三种不同的情况（正值、负值或零值）。

（4）基本偏差系列图中，公差带的另一端取决于公差等级和对应基本偏差的组合。

1.4　公差带代号及其标注形式

1.4.1　公差带代号

孔、轴公差带代号由基本偏差代号与公差等级代号组成。

例如：

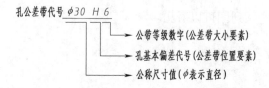

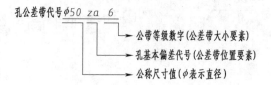

1.4.2　公差带在图样上的标注

国家标准规定公差带在图样上有三种标注方法：

孔的标注方法，$\phi450\text{H}6$、$\phi450^{+0.040}_{0}$、$\phi450\text{H}6\left(^{+0.040}_{0}\right)$

轴的标注方法，$\phi50\text{f}7$、$\phi50^{-0.025}_{-0.050}$、$\phi50\left(^{-0.025}_{-0.050}\right)$

1.5　孔、轴的基本偏差数值

1.5.1　基本偏差的数值

轴的基本偏差数值是直接利用公式计算而得。孔的基本偏差数值一般情况下可以按公式直接计算而得,称为通用规则。

特殊规则:有些代号孔的基本偏差数值在某些尺寸段和标准公差等级时,必须在公式计算的结果上附加一个 Δ 值,称为特殊规则。

1.5.2　极限偏差表

1. 孔、轴的极限偏差表

轴的极限偏差表见表 1-2,可用来查询轴的极限偏差;孔的极限偏差表见表 1-3,可用来查询孔的极限偏差。

2. 查表的步骤和方法

(1)根据基本偏差的代号是大写还是小写,确定是查孔还是轴的极限偏差表,代号大写时查孔的极限偏差表,小写则查轴的极限偏差表。

(2)在极限偏差中首先找到基本偏差代号,再从基本偏差代号下找到公差等级数字所在的列。

(3)找到公称尺寸段所在的行,则行和列的相交处,就是所要查的极限偏差数值。

(4)举例。

例 1-1　查表确定 $\phi20c12$ 的极限偏差。

解:查表 1-1 得 IT12=210 μm=0.21 mm

查表 1-2 得 es=-110 μm=-0.11 mm

故　　　　　　　　　　　$ei=es-IT=-0.11-0.21=-0.32$ mm

表示为 $\phi20\left(^{-0.11}_{-0.32}\right)$。

例 1-2　$\phi55H1$ 的极限偏差。

解:查表 1-1 得 IT1=2 μm=0.002 mm

查表 1-3 得 EI=0 mm

故　　　　　　　　　　　$ES=EI+IT1=0.002+0=+0.002$ mm

表示为 $\phi55\left(^{+0.002}_{0}\right)$。

表1-2　轴的极限偏差

公称尺寸/mm	基本偏 上极限偏差 es 所有公差等级											js	j 5~6	j 7	j 8	k 4~7	k ≤3 >7
	a	b	c	cd	d	e	ef	f	fg	g	h						
≤3	−270	−140	−60	−34	−20	−14	−10	−6	−4	−2	0		−2	−4	−6	0	0
>3~6	−270	−140	−70	−46	−30	−20	−14	−10	−6	−4	0		−2	−4	—	+1	0
>6~10	−280	−150	−80	−56	−40	−25	−18	−13	−8	−5	0		−2	−5	—	+1	0
>10~14	−290	−150	−95	—	−50	−32	—	−16	—	−6	0		−3	−6	—	+1	0
>14~18																	
>18~24	−300	−160	−110	—	−65	−40	—	−20	—	−7	0		−4	−8	—	+2	0
>24~30																	
>30~40	−310	−170	−120	—	−80	−50	—	−25	—	−9	0	偏差等于±IT/2	−5	−10	—	+2	0
>40~50	−320	−180	−130														
>50~65	−340	−190	−140	—	−100	−60	—	−30	—	−10	0		−7	−12	—	+2	0
>65~80	−360	−200	−150														
>80~100	−380	−220	−170	—	−120	−72	—	−36	—	−12	0		−9	−15	—	+3	0
>100~120	−410	−240	−180														
>120~140	−460	−260	−200	—	−145	−85	—	−43	—	−14	0		−11	−18	—	+3	0
>140~160	−520	−280	−210														
>160~180	−580	−310	−230														
>180~200	−660	−340	−240	—	−170	−100	—	−50	—	−15	0		−13	−21	—	+4	0
>200~225	−740	−380	−260														
>225~250	−820	−420	−280														
>250~280	−920	−480	−300	—	−190	−110	—	−56	—	−17	0		−16	−26	—	+4	0
>280~315	−1 050	−540	−330														
>315~355	−1 200	−600	−360	—	−210	−125	—	−62	—	−18	0		−18	−28	—	+4	0
>355~400	−1 350	−680	−400														
>400~450	−1 500	−760	−400	—	−230	−135	—	−68	—	−20	0		−20	−32	—	+5	0
>450~500	−1 650	−840	−480														

注:①公称尺寸小于或等于1mm时,各级的a和b均不采用。

②js的值:对IT7~IT11,若ITn的数值(μm)为奇数,则取js=±ITn−1/2。

数值(d≤500 mm)(GB/T 1800.2—2009)

差 /μm

下极限偏差 ei

m	n	p	r	s	t	u	v	x	y	z	za	zb	zc
所有公差等级													
+2	+4	+6	+10	+14	—	+18	—	+20	—	+26	+32	+40	+60
+4	+8	+12	+15	+19	—	+23	—	+28	—	+35	+42	+50	+80
+6	+10	+15	+19	+23	—	+28	—	+34	—	+42	+52	+67	+97
+7	+12	+18	+23	+28	—	+33	— +39	+40 +45	—	+50 +60	+64 +77	+90 +108	+130 +150
+8	+15	+22	+28	+35	— +41	+41 +48	+47 +55	+54 +64	+63 +75	+73 +88	+98 +118	+136 +160	+188 +218
+9	+17	+26	+34	+43	+48 +54	+60 +70	+68 +81	+80 +97	+94 +114	+112 +136	+148 +180	+200 +242	+274 +325
+11	+20	+32	+41 +43	+53 +59	+66 +75	+87 +102	+102 +120	+122 +146	+144 +174	+172 +210	+226 +274	+300 +360	+405 +480
+13	+23	+37	+51 +54	+71 +79	+91 +104	+124 +144	+146 +172	+178 +210	+214 +254	+258 +310	+335 +400	+445 +525	+585 +690
+15	+27	+43	+63 +65 +68	+92 +100 +108	+122 +134 +146	+170 +190 +210	+202 +228 +252	+248 +280 +310	+300 +340 +380	+365 +415 +465	+470 +535 +600	+627 +700 +780	+800 +900 +1 000
+17	+31	+50	+77 +80 +84	+122 +130 +140	+166 +180 +196	+236 +258 +284	+284 +310 +340	+350 +385 +425	+425 +470 +520	+520 +575 +640	+670 +740 +820	+880 +960 +1 050	+1 150 +1 250 +1 350
+20	+34	+56	+94 +98	+158 +170	+218 +240	+315 +350	+385 +425	+475 +525	+580 +650	+710 +790	+920 +1 000	+1 200 +1 300	+1 550 +1 700
+21	+37	+62	+108 +114	+190 +208	+268 +294	+390 +435	+475 +530	+590 +660	+730 +820	+900 +1 000	+1 150 +1 300	+1 500 +1 650	+1 900 +2 100
+23	+40	+68	+126 +132	+232 +252	+330 +360	+490 +540	+595 +660	+740 +820	+920 +1 000	+1 100 +1 250	+1 450 +1 600	+1 850 +2 100	+2 400 +2 600

表 1-3 孔的极限偏差

公称尺寸 /mm	下极限偏差 EI											JS	上极限偏差 ES						基本
	A	B	C	CD	D	E	EF	F	FG	G	H		J			K		M	
	所有的公差等级												6	7	8	≤8	>8	≤8	>8
≤3	+270	+140	+60	+34	+20	+14	+10	+6	+4	+2	0		+2	+4	+6	0	0	-2	-2
>3~6	+270	+140	+70	+46	+30	+20	+14	+10	+6	+4	0		+5	+6	+10	-1+Δ	—	-4+Δ	-4
>6~10	+280	+150	+80	+56	+40	+25	+18	+13	+8	+5	0		+5	+8	+12	-1+Δ	—	-6+Δ	-6
>10~14 >14~18	+290	+150	+95	—	+50	+32	—	+16	—	+6	0		+6	+10	+15	-1+Δ		-7+Δ	-7
>18~24 >24~30	+300	+160	+110	—	+65	+40	—	+20	—	+7	0		+8	+12	+20	-2+Δ	—	-8+Δ	-8
>30~40 >40~50	+310 +320	+170 +180	+120 +130	—	+80	+50		+25	—	+9	0		+10	+14	+24	-2+Δ	—	-9+Δ	-9
>50~65 >65~80	+340 +360	+190 +200	+140 +150		+100	+60		+30	—	+10	0		+13	+18	+28	-2+Δ	—	-11+Δ	-11
>80~100 >100~120	+380 +410	+220 +240	+170 +180	—	+120	+72	—	+36	—	+12	0		+16	+22	+34	-3+Δ	—	-13+Δ	-13
>120~140 >140~160 >160~180	+460 +520 +580	+260 +280 +310	+200 +210 +230	—	+145	+85	—	+43	—	+14	0		+18	+26	+41	-3+Δ	—	-15+Δ	-15
>180~200 >200~225 >225~250	+660 +740 +820	+340 +380 +420	+240 +260 +280	—	+175	+100	—	+50	—	+15	0		+22	+30	+47	-4+Δ	—	-17+Δ	-17
>250~280 >280~315	+920 +1050	+480 +540	+300 +330	—	+190	+110		+56	—	+17	0		+25	+36	+55	-4+Δ	—	-20+Δ	-20
>315~355 >355~400	+1200 +1350	+600 +680	+360 +400		+210	+125		+62	—	+18	0		+29	+39	+60	-4+Δ	—	-21+Δ	-21
>400~450 >450~500	+1500 +1650	+760 +840	+440 +480	—	+230	+135		+68	—	+20	0		+33	+43	+66	-5+Δ	—	-23+Δ	-23

JS 列: 偏差 等于 $\pm \dfrac{ITn-1}{2}$

注:①公称尺寸小于或等于 1 mm 时,各级的 A 和 B 及大于 IT8 级的 N 均不采用。

②JS 的数值:对 IT7~IT11,若 ITn 的数值(μm)为奇数,则取 JS = $\pm\dfrac{ITn-1}{2}$。

③特殊情况:当公称尺寸大于 250~315 mm 时,M6 的 ES 等于 -9 μm(不等于 -11 μm)。

④对小于或等于 IT8 的 K、M、N 和小于或等于 IT7 的 P~ZC,所需 Δ 值从表内右侧栏选取。例如:大于 6~10 mm 的

数值（$d \leqslant 500$ mm）（GB/T 1800.2—2009）

偏差　/μm

			上极限偏差 ES												Δ/μm					
N		P~ZC	P	R	S	T	U	V	X	Y	Z	ZA	ZB	ZC						
≤8	>8	≤7	>7												3	4	5	6	7	8
−4	−4	在>7级的相应数值上增加一个Δ值	−6	−10	−14	—	−18	—	−20	—	−26	−32	−40	−60	0					
−8+Δ	0		−12	−15	−19	—	−23	—	−28	—	−35	−42	−50	−80	1	1.5	1	3	4	6
−10+Δ	0		−15	−19	−23	—	−28	—	−34	—	−42	−52	−67	−97	1	1.5	2	3	6	7
−12+Δ	0		−18	−23	−28	—	−33	—	−40	—	−50	−64	−90	−130	1	2	3	3	7	9
								−39	−45	—	−60	−77	−108	−150						
−15+Δ	0		−22	−28	−35	—	−41	−47	−54	−63	−73	−98	−136	−188	1.5	2	3	4	8	12
						−41	−48	−55	−64	−75	−88	−118	−160	−218						
−17+Δ	0		−26	−34	−43	−48	−60	−68	−80	−94	−112	−148	−200	−274	1.5	3	4	5	9	14
						−54	−70	−81	−97	−114	−136	−180	−242	−325						
−20+Δ	0		−32	−41	−53	−66	−87	−102	−122	−144	−172	−226	−300	−405	2	3	5	6	11	16
				−43	−59	−75	−102	−120	−146	−174	−210	−274	−360	−480						
−23+Δ	0		−37	−51	−71	−91	−124	−146	−178	−214	−258	−335	−445	−585	2	4	5	7	13	19
				−54	−79	−104	−144	−172	−210	−254	−310	−400	−525	−690						
−27+Δ	0		−43	−63	−92	−122	−170	−202	−248	−300	−365	−470	−620	−800	3	4	6	7	15	23
				−65	−100	−134	−190	−228	−280	−340	−415	−535	−700	−900						
				−68	−108	−146	−210	−252	−310	−380	−465	−600	−780	−1000						
−31+Δ	0		−50	−77	−122	−166	−236	−284	−350	−425	−520	−670	−880	−1150	3	4	6	9	17	26
				−80	−130	−180	−258	−310	−385	−470	−575	−740	−960	−1250						
				−84	−140	−196	−284	−340	−425	−520	−640	−820	−1050	−1350						
−34+Δ	0		−56	−94	−158	−218	−315	−385	−475	−580	−710	−920	−1200	−1550	4	4	7	9	20	29
				−98	−170	−240	−350	−425	−525	−650	−790	−1000	−1300	−1700						
−37+Δ	0		−62	−108	−190	−268	−390	−475	−590	−730	−900	−1150	−1500	−1900	4	5	7	11	21	32
				−114	−208	−294	−435	−530	−660	−820	−1000	−1300	−1650	−2100						
−40+Δ	0		−68	−126	−232	−330	−490	−595	−740	−920	−1100	−1450	−1850	−2400	5	5	7	13	23	34
				−132	−252	−360	−540	−660	−820	−1000	−1250	−1600	−2100	−2600						

P6，所以 ES=（−15+3）μm=−12 μm。

1.6　一般公差——线性尺寸的未注公差

　　线性尺寸的未注公差又称一般公差,是指在车间加工条件下可保证的公差,是机床设备在正常维护和操作情况下,能达到的经济加工精度。采用未注公差时,在公称尺寸后不标注极限偏差或其他代号。

　　在图样上不单独注出公差,而是在图样的技术文件或技术标准中做出总的说明。GB/T 1804—2000 规定未注公差的公差等级为 IT12~IT18,基本偏差一般孔用 H,轴用 h;长度用 ±IT/2(即 JS 或 js)。

　　线性尺寸的一般公差标准既适用于金属切削加工的尺寸,也适用于冲压加工的尺寸,采用非金属材料和其他工艺方法加工的尺寸也可参照采用。

　　公差等级与数值有四个等级:f(精密级),m(中等级),c(粗糙级),v(最粗级)。用此标准的表示方法为:GB/1804-m,其中 m 表示中等级。线性尺寸一般公差的公差等级及其极限偏差数值见表 1-4。倒圆半径与倒角高度尺寸一般公差的公差等级及其极限偏差见表 1-5。未注公差角度尺寸的极限偏差见表 1-6。

表 1-4　线性尺寸一般公差的公差等级及其极限偏差数值　　　　（单位:mm）

公差等级	公称尺寸分段							
	0.5~3	>3~6	>6~30	>30~120	>120~400	>400~1 000	>1 000~2 000	>2 000~4 000
精密 f	±0.05	±0.05	±0.1	±0.15	±0.2	±0.3	±0.5	—
中等 m	±0.1	±0.1	±0.2	±0.3	±0.5	±0.8	±1.2	±2
粗糙 c	±0.2	±0.3	±0.5	±0.8	±1.2	±2	±3	±4
最粗 v	—	±0.5	±1	±1.5	±2.5	±4	±6	±8

表 1-5　倒圆半径与倒角高度尺寸一般公差的公差等级及其极限偏差　　　（单位:mm）

公差等级	公称尺寸分段			
	0.5~3	>3~6	>6~30	>30
精密 f	±0.2	±0.5	±1	±2
中等 m				
粗糙 c	±0.4	±1	±2	±4
最粗 v				

　　注:倒圆半径与倒角高度的含义参见 GB/T 6403.4—2008。

表 1-6　未注公差角度尺寸的极限偏差

公差等级	长度分段/mm				
	~10	>10~50	>50~120	>120~400	>400
精密 f	±1°	±30′	±20′	±10′	±5′
中等 m					

公差等级	长度分段/mm				
	~10	>10~50	>50~120	>120~400	>400
粗糙 c	±1°30′	±1°	±30′	±15′	±10′
最粗 v	±3°	±2°	±1°	±30′	±20′

注：①本标准适用于金属切削加工，也适用于冲压加工的角度尺寸。
　　②图样上未注公差角度的极限偏差，按本标准规定的公差等级选取，并由相应的技术文件做出规定。
　　③未注公差角度的极限偏差规定，其值按角度短边长度确定。对圆锥角，按圆锥素线长度确定。
　　④未注公差角度的公差等级在图样和技术文件上用标注号和公差等级符号表示。例如选用中等级时，表示为：
　　　GB/T 1804-m。

1.7　测量基础知识

测量——把被测量与具有计量单位的标准量进行比较，从而确定被测量的值的过程。

检验——确定产品是否满足设计要求的过程，是判断被测量值是否在规定的极限范围内的(是否合格)过程。

1.7.1　计量单位

计量单位是用以度量同类量值的标准值。1 m 是光在真空中 1/299 792 458 s(秒)的时间间隔内所经路径的长度。按此定义确定的基准称为自然基准。

测量方法是指测量原理、测量器具和测量条件的总和。

测量精度是指测量结果与真值的一致程度。

1.7.2　计量器具的分类

计量器具按结构特点可以分为以下四类：

(1)量具

量具是以固定形式复现量值的计量器具，一般结构比较简单，设有传动放大系统。可分为单值量具(以固定形式复现单一物理量的量值的计量器具)和多值量具(以固定形式复现同一物理量的一系列不同量值的计量器具)两种。

(2)量规

量规是指没有刻度的专用计量器具，用于检验零件要素的实际尺寸、形状及位置的实际情况所形成的综合结果是否在规定的范围内，从而判断零件被测的几何量是否合格。

(3)量仪

量仪是能将被测几何量的量值转换成可直观观察的指示值或等效信息的计量器具。

(4)计量装置

是指为确定被测几何量值所必需的计量器具和辅助设备的总体。

1.7.3　测量方法的分类

广泛的测量方法是指测量时所采用的测量原理、计量器具和测量条件的总和。按其不同的特征分类如下。

（1）根据所测的几何量是否为要求被测的几何量，分为：

①直接测量。直接从计量器具上得到被测量的数值或对标准值的偏差，如用游标卡尺、千分尺测量轴的外径。

②间接测量。测量有关量是通过一定的（函数）关系，求得被测量的数值，如用正弦量规测量工件的角度。

（2）根据被测量值获得的方法分：

①绝对测量。测量时从计量器具上直接得到被测参数的整个量值。如用游标卡尺、千分尺测量轴的外径。

②相对测量。在计量器具的读数装置上读得的是被测量对于标准值的偏差值。如使用内径百分表测量孔的内径，得到的数值需要结合对表时的数值进行比较，才能得出测量数值。

（3）根据工件上同时测量的几何量的多少分：

①单项测量。单独地彼此没有联系地测量零件的单项参数。如测量螺纹时，分别测量螺纹的中径、螺距。

②综合测量。测量零件及相关参数的综合效应或综合参数，从而综合判断零件的合格程度。如用螺纹环规测量螺纹的各个参数的综合情况，判断螺纹是否合格。

1.7.4　计量器具的基本计量参数

（1）刻度间距：是指标尺或刻度盘上两相邻刻线间的距离。

（2）分度值：又称刻度值，是指标尺或刻度盘上每一刻度间距所代表的量值。

（3）示值范围：是指计量器具标示或刻度所指示的起始值到终止值的范围。

（4）测量范围：计量器具所能够测量的最小尺寸与最大尺寸之间的范围。

（5）示值误差：计量器具指示的测量值与被测量值的实际值之差，称为示值误差。它是由计量器具本身的各种误差所引起的。

（6）校正值：指将原始数据修正以后得到的最终数据，而这个最终数据接近真实，所以比较可靠。

1.7.5　测量误差

测量中，无论使用的计量器具如何精密，采用多么可靠的测量方法，进行多么细致的测量，都不可避免的会产生测量误差。测量所得的不可能是真值，测量值与被测真值直接的差异称为测量误差。

测量误差的来源很多，整个测量系统中的各要素均会带来影响。产生测量误差的主要原因如下：

（1）计量器具误差。计量器具误差指计量器具本身在设计、制造和使用过程中造成的各项误差。

（2）测量方法误差。测量方法误差指由于测量方法不完善所引起的误差。例如使用游标卡尺测量时，不同的操作者所用测量力大小存在差异或者是零件表面发生变形引起误差；间接测量中计算公式的不精确引起的测量误差。

（3）环境误差。不同测量环境下对工件进行检测,测量结果有一定的差异,如温度、湿度、振动、粉尘等不符合检验场所标准的环境给测量带来的影响。

（4）人员误差。人员误差指由于测量人员的主观因素所引起的误差。如测量人员的操作熟练程度、视觉偏差、估读判断等引起的测量误差。

1.8 零件验收

1.8.1 验收极限

（1）验收极限:判断所检验工件合格与否的尺寸界线。

（2）验收极限方式,依据标准 GB/T 3177—2009 有两种方式。通常验收零件是按照非内缩的方式进行,即验收极限等于规定的零件尺寸的上极限偏差和下极限偏差。而内缩方式是指在公差带的上下极限偏差向公差带的中心偏移一个安全裕度 A,A 值应按工件尺寸公差的 1/10 来确定。如工件尺寸 $\phi 50\left(^{-0.025}_{-0.050}\right)$,公差带宽度为 0.025mm,$A$ 为 0.0025,内缩验收极限尺寸为 $\phi 50\left(^{-0.0225}_{-0.0475}\right)$。

1.8.2 验收极限方式的选择

验收极限方式的选择应结合尺寸功能要求及其重要程度、尺寸公差等级、测量不确定度和工艺能力等综合考虑。

（1）对遵循包容要求的尺寸、公差等级较高的尺寸,其验收极限按内缩方式进行。

（2）当工艺的过程能力指数 $C_{pk} \geqslant 1$ 时,其验收极限可按不内缩方式进行;但对遵循包容要求的尺寸,其最大实体尺寸的验收极限仍按内缩方式进行。

（3）对非配合和一般公差的尺寸,其验收极限按不内缩方式进行。

【任务实施】

1. 减速器传动轴的尺寸测量

图纸要求	极限偏差	极限尺寸	计量器具	实测结果	备注
$\phi 45m6$					
$\phi 55j6$					
$\phi 56r6$					
12N9					
16N9					

2. 零件是否合格判定

依据自己选定的验收方法,判断尺寸是否合格。

3. 不合格尺寸的处理

依据不合格品处理办法,对不合格品进行处置。

【知识拓展】

不合格品的处理

企业为使不合格品在生产加工过程中被有效识别控制,避免非预期的使用或交付,而根据企业自身的质量体系建立控制程序。

检验人员依据产品检验规程对产品进行检验,发现不合格品时,立即进行标识和隔离;对发现的不合格品处理方式如下。

(1)返工或返修:不合格品可以通过返工或返修达到规定要求的,填写不合格品处理单进行返工或返修。

(2)降级处理使用。

企业会给相关工程部门的技术人员核发一定的不合格品处理权限,当加工现场或最终检验发现不合格品时,上报质保部技术人员处理,质保部技术员根据自己的处理权限评定不合格程度并确定是否可以降级使用或直接处理使用;如果质保部技术员权限不够时,可以提请授权不合格品处理权限的设计人员处理。

(3)报废。当不合格品处理人员不能接受不合格情况,产品按报废处理,并制订有严格控制报废品的流程和程序。

同 步 练 习

1. 选择题

(1)设计人员在图纸上标注的尺寸称为(　　　)。

A. 实际尺寸　　　　　B. 极限尺寸　　　　　C. 公称尺寸

(2)公差带的宽度由(　　　)决定。

A. 公差代号　　　　　B. 公差等级　　　　　C. 公称尺寸

(3)25g6 和 30g7 有区别在于(　　　)。

A. 基本偏差不同　　　　　　　　B. 下偏差相同,上偏差不同

C. 公差值相同　　　　　　　　　D. 上偏差相同,下偏差不同

(4)基本偏差是(　　　)。

A. 上偏差　　　　　　　　　　　B. 下偏差

C. 上偏差和下偏差　　　　　　　D. 上极限偏差或下极限偏差

(5)按加工过程,在切削过程中,(　　　)的尺寸越加工越大。

A. 孔　　　　　　　B. 轴　　　　　　　C. 轴的长度

2. 判断题

(1)零件的实际尺寸就是零件的真实尺寸。(　　　)

(2)尺寸偏差可以是正值,也可以是负值和零。(　　　)

(3)验收极限是检验工件尺寸时判断是否合格的尺寸界线。(　　　)

（4）尺寸误差是指一批零件上某尺寸的实际变动量。（　　）

（5）公差是零件尺寸允许的最大偏差。（　　）

（6）公差等级的高低决定公差带的大小。大小相同位置不同的公差带,对工件的精度要求相同,而只是对尺寸大小的要求不同。（　　）

（7）未注明公差尺寸,说明该尺寸无公差要求,在图样上无须标出。（　　）

（8）工件在满足使用要求的前提下,应尽量选低的公差等级。（　　）

3. 简答题

（1）确定检验尺寸 $\phi 50f7$、$\phi 35JS6$、$\phi 40H7$、$\phi 30h8$ 时的验收极限。

（2）什么是线性尺寸一般公差? 它分为几个等级? 其极限偏差如何确定? 一般线性尺寸公差在图样上如何表示?

（3）查表确定以下尺寸公差代号。

孔: $\phi 50\left(^{-0.050}_{-0.075}\right)$ 孔: $\phi 65\left(^{+0.005}_{-0.041}\right)$ 轴: $\phi 18\left(^{0}_{-0.011}\right)$ 轴: $\phi 38\left(^{+0.039}_{0}\right)$

任务 2 衬套配合件的识读与检测

【学习目标】

(1)掌握国家标准中关于配合制的识读、标注;

(2)掌握公差与配合的选择方法;

(3)能正确根据零件图检测零件。

【任务描述】

衬套零件是机械中常见的零件,如图 2-1 所示衬套零件是某钻床夹具的钻套,请分析零件精度要求,对图 2-1 中尺寸 $\phi 30H7$、$\phi 44 \pm 0.015$ 及该钻套与夹具体(配合尺寸为 $\phi 44H6$)、钻头($\phi 30g6$)与钻头孔的配合进行理解,测量后并判断该零件是否合格。

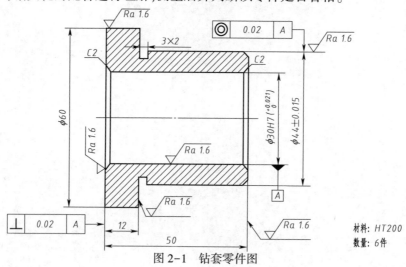

图 2-1 钻套零件图

【知识链接】

钻床夹具常常将钻套设计成与夹具体分离的独立零件,避免在大批量生产中因钻套的磨损要修理夹具而增加成本,磨损达到极限时更换钻套即可。

2.1 配合与互换性

配合是指公称尺寸相同并且相互结合的孔和轴公差带之间的关系。决定结合的松紧程度。

2.1.1　间隙、过盈

①间隙是指孔的尺寸减去与其配合的轴的尺寸之差为正,用 X 表示。

②过盈是指孔的尺寸减去与其配合的轴的尺寸之差为负,用 Y 表示。

因此,过盈就是负间隙,间隙也就是负过盈。

2.1.2　配合的种类

根据相互结合的孔、轴公差带不同的相对位置关系,可以把配合分为三大类。

①间隙配合。保证具有间隙(包括最小间隙 S_{min} 等于零)的配合,称为间隙配合。此时,孔的公差带在轴的公差带之上,如图 2-2 所示。

由于孔和轴都有公差,所以其配合的实际间隙大小随着孔和轴的实际尺寸而变化。孔的上极限尺寸减轴的下极限尺寸所得的差值为最大间隙 S_{max},也等于孔的上极限偏差减轴的下极限偏差,此时配合处于"最松"状态,间隙最大。同理,当孔为下极限尺寸而与其相配合的轴为上极限尺寸时,配合处于"最紧"状态,间隙最小。此时的配合间隙也等于孔的下极限偏差减轴的上极限偏差。以 S 代表间隙,则

$$最大间隙:S_{max} = D_{max} - d_{min} = \text{ES} - \text{ei}$$

$$最小间隙:S_{min} = D_{min} - d_{max} = \text{EI} - \text{es}$$

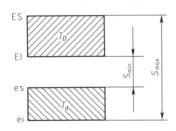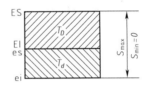

图 2-2　间隙配合

②过盈配合。保证具有过盈(包括最小过盈等于零)的配合,称为过盈配合。此时,孔的公差带在轴的公差带之下,如图 2-3 所示。

由于孔和轴都有公差,实际过盈的大小也随着孔和轴的实际尺寸而变化。孔的下极限尺寸减轴的上极限尺寸所得的差值为最大过盈,也等于孔的下极限偏差减轴的上极限偏差。此时,与其相配的轴的尺寸为上极限尺寸,配合处于"最紧"状态,过盈最大。同理,孔的上极限尺寸减轴的下极限尺寸所得的差值为最小过盈,也等于孔的上极限偏差减轴的下极限偏差。此时配合处于"最松"状态,过盈最小,则

$$最大过盈:\delta_{max} = D_{min} - d_{max} = \text{EI} - \text{es}$$

$$最小过盈:\delta_{min} = D_{max} - d_{min} = \text{ES} - \text{ei}$$

③过渡配合。可能具有间隙也可能具有过盈的配合,称为过渡配合。此时,孔的公差带与轴的公差带相互交叠,如图 2-4 所示。

孔的上极限尺寸减轴的下极限尺寸所得的差值为最大间隙。孔的下极限尺寸减轴的上极限尺寸所得的差为最大过盈,则

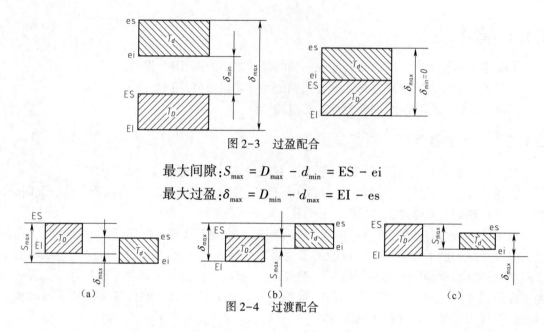

图 2-3 过盈配合

$$最大间隙: S_{max} = D_{max} - d_{min} = ES - ei$$
$$最大过盈: \delta_{max} = D_{min} - d_{max} = EI - es$$

图 2-4 过渡配合

2.1.3 配合公差 T_f

配合公差指允许间隙或过盈的变动量。配合公差的大小表示配合松紧程度的变化范围。间隙配合、过盈配合和过度配合的配合公差表示为

$$间隙配合: T_f = |S_{max} - S_{min}| = T_D + T_d$$
$$过盈配合: T_f = |\delta_{max} - \delta_{min}| = T_D + T_d$$
$$过渡配合: T_f = |S_{max} - \delta_{max}| = T_D + T_d$$

由上式可知：

①配合公差 T_f 都等于相配合的孔的公差和轴的公差之和，它是允许间隙或过盈的变动量。

②配合公差皆为 $T_f = T_D + T_d$，说明：配合件的装配精度与零件的加工精度有关。若要提高装配精度，使配合后的间隙或过盈的变动范围减小，则应减少零件的公差，就需要提高零件的加工精度，提高加工成本。

③配合公差的大小是设计者按使用要求确定的，反映了配合精度、配合种类和配合性质。为了直观地表现孔和轴的配合精度和配合性质，需掌握配合公差带及其图形。

2.2 常用、优先配合代号

2.2.1 配合制

配合制是指同一极限制的孔和轴组成配合的一种制度，即公差带与配合（公差等级和配合种类）的选择就是配合制。

满足同一使用要求的孔、轴公差带的大小和位置是无限多的。如果不对满足同一使用要求的孔、轴公差带的大小和位置做出统一规定，将给生产过带来混乱，不利于工艺过程的经济性，也不便

于产品的使用和维修。因此,应该对孔、轴尺寸公差带的大小和公差带的位置进行标准化。

为了以尽可能少的标准公差带形成最多种类的配合,国家标准规定了两种基准制:基孔制和基轴制。如有特殊需要,允许将任一孔、轴公差带组成非基准制配合。

基准配合制的选择原则是:优先采用基孔制配合,其次采用基轴制配合,特殊场合应非基轴制配合,即混合配合。

2.2.2　配合制的选择

在一般情况下,无论选用基孔制还是基轴制配合,均可满足同样的使用要求。因此,配合制的选择基本上与使用要求无关,主要应从生产、工艺的经济性和结构的合理性等方面综合考虑。

①基孔制配合。基孔制配合是基本偏差一定的孔的公差带,与不同基本偏差的轴的公差带形成各种配合的一种制度。

在基孔制中,孔是基准件,称为基准孔;轴是非基准件,称为配合轴。同时规定,基准孔的基本偏差是下极限偏差,且等于零,即 $EI=0$,并用基本偏差代号 H 表示,应优先选用。

若在机械产品的设计中采用基孔制配合,可以最大限度地减少孔的尺寸种类,随之减少了定尺寸刀具和量具(钻头、铰刀、拉刀、塞规等)的规格,从而获得了显著的经济效益。

②基轴制配合。基轴制配合是基本偏差为一定的轴的公差带,与不同基本偏差的孔的公差带形成各种配合的一种制度。

在基轴制配合中,轴是基准件,称为基准轴;孔为非基准件,称为配合孔。同时规定,基准轴的基本偏差是上极限偏差,且等于零,即 $es=0$,并以基本偏差代号 h 表示。

为了简化标准和使用方便,根据实际需要规定了优先、常用和一般用途的孔、轴公差带,从而有利于生产和减少刀具、量具的规格、数量,便于技术工作。

根据实际需要规定了优先、常用和一般用途的孔、轴公差带,从而有利于生产和减少刀具、量具的规格、数量,便于技术工作。

表 2-1 为基孔制优先和常用配合(摘自 GB/T 1801—2009),表 2-2 为基轴制优先和常用配合(摘自 GB/T 1801—2009)。

表 2-1　基孔制优先和常用配合(GB/T 1801—2009)

基准孔	b	c	d	e	f	g	h	js	k	m	n	p	r	s	t	u
	间隙配合							过渡配合			过盈配合					
H6					$\frac{H6}{f5}$	$\frac{H6}{g5}$	$\frac{H6}{h5}$	$\frac{H6}{js5}$	$\frac{H6}{k5}$	$\frac{H6}{m5}$	$\frac{H6}{n5}$	$\frac{H6}{p5}$	$\frac{H6}{r5}$	$\frac{H6}{s5}$	$\frac{H6}{t5}$	
H7					$\frac{H7}{f6}$	$\frac{H7}{g6}$	$\frac{H7}{h6}$	$\frac{H7}{js6}$	$\frac{H7}{k6}$	$\frac{H7}{m6}$	$\frac{H7}{n6}$	$\frac{H7}{p6}$	$\frac{H7}{r6}$	$\frac{H7}{s6}$	$\frac{H7}{t6}$	$\frac{H7}{u6}$
H8				$\frac{H8}{e7}$	$\frac{H8}{f7}$	$\frac{H8}{g7}$	$\frac{H8}{h7}$	$\frac{H8}{js7}$	$\frac{H8}{k7}$	$\frac{H8}{m7}$	$\frac{H8}{n7}$	$\frac{H8}{p7}$	$\frac{H8}{r7}$	$\frac{H8}{s7}$	$\frac{H8}{t7}$	$\frac{H8}{u7}$
				$\frac{H8}{e8}$	$\frac{H8}{f8}$		$\frac{H8}{h8}$									
H9		$\frac{H9}{c9}$	$\frac{H9}{d9}$	$\frac{H9}{e9}$	$\frac{H9}{f9}$		$\frac{H9}{h9}$									
H10		$\frac{H10}{c10}$	$\frac{H10}{d10}$				$\frac{H10}{h10}$									

注:①$\frac{H6}{r6}\frac{H7}{r6}$ 在基本尺寸小于 3 mm 和 $\frac{H8}{r7}$ 在小于或等于 100 mm,为过渡配合;

②标注▼符合右侧的配合为优先配合。

表 2-2　基轴制优先和常用配合（GB/T 1801—2009）

基准孔	B	C	D	E	F	G	H	JS	K	M	N	P	R	S	T	U
			间隙配合					过渡配合			过盈配合					
h5					$\frac{F6}{h5}$	$\frac{G6}{h5}$	$\frac{H6}{h5}$	$\frac{JS6}{h5}$	$\frac{K6}{h5}$	$\frac{M6}{h5}$	$\frac{N6}{h5}$	$\frac{P6}{h5}$	$\frac{R6}{h5}$	$\frac{S6}{h5}$	$\frac{T6}{h5}$	
h6					$\frac{F7}{h6}$▼	$\frac{G7}{h6}$▼	$\frac{H7}{h6}$▼	$\frac{JS7}{h6}$	$\frac{K7}{h6}$▼	$\frac{M7}{h6}$	$\frac{N7}{h6}$▼	$\frac{P7}{h6}$▼	$\frac{R7}{h6}$	$\frac{S7}{h6}$▼	$\frac{T7}{h6}$	▼$\frac{U7}{h6}$
h7				$\frac{E8}{h7}$▼	$\frac{F8}{h7}$▼		$\frac{H8}{h7}$▼	$\frac{JS8}{h7}$	$\frac{K8}{h7}$	$\frac{M8}{h7}$	$\frac{N8}{h7}$					
h8			$\frac{D8}{h8}$	$\frac{E8}{h8}$	$\frac{F8}{h8}$		$\frac{H8}{h8}$									
h9			▼$\frac{D9}{h9}$	$\frac{E9}{h9}$	$\frac{F9}{h9}$		▼$\frac{H9}{h9}$									
h10			$\frac{D10}{h10}$				$\frac{H10}{d10}$									

注：表中后带▼符号右侧的为优先配合。

2.3　内孔测量方法与技能

内孔的检测常用的方法有内径百分表测量、塞规检验。下面介绍内径百分表测量。

百分表是利用齿条齿轮或杠杆齿轮传动，将测量杆的直线位移变为指针的角位移的计量仪器。其工作原理是将被测尺寸引起的测杆微小直线移动，经过齿轮传动放大，从而引起齿条和游丝的变化，并将这种变化变为指计在刻度盘上的转动，读出被测尺寸的大小。

如图 2-5 所示为百分表外形图和传动原理图。百分表的构造主要由 3 个部件组成：表体部分、传动系统、读数装置。百分表的分度值为 0.01 mm，表面刻度盘上共有 100 条等分刻线。因此，百分表齿轮传动机构，应使量杆移动 1 mm 时，指针回转一圈。百分表的测量范围有 0～3 mm，0～5 mm，0～10 mm 三种。

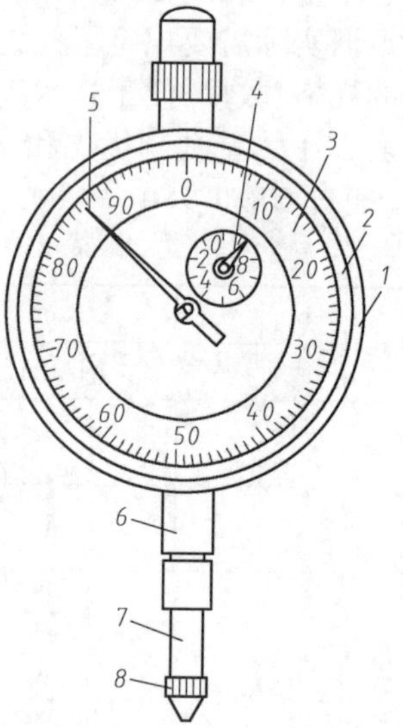

1. 内径百分表的结构及组成零件

内径百分表实质是一种安装着百分表的专门测量内尺寸的表架，是采用比较法测量孔类零件的通用量具，精度较高，适合测量深孔。内径百分表的结构主要是指它的表架部分。为了保证测量孔径时测量线通过孔径中心，所测值是孔的直径而不是弦长，因此，表架结构应包括如下部分：

①定心装置：即测孔时，自动通过孔中心的专用装置。

②测量装置：即将孔径（内尺寸）的变化量，正确地测量出来的机构。

③传动装置：即将内孔（内尺寸）的变化量，经传动杆杆 90°转换，传至百分表进行读数的机构。

图 2-5　百分表
1—表体；2—表盘；3—刻度盘；4—小指针；
5—大指针；6—套筒；7—测量杆；8—测量头

内径百分表所采用的读数表头带有反向刻字盘，因为测量时放开测头表示尺寸增大，所以在许多测量表头，特别是百分表的分度刻度盘上具有双重字盘（按钟表指针方向）：顺时针方向的供外测用;逆时针方向的供内测用。

内径百分表的结构与组成如图2-6所示。

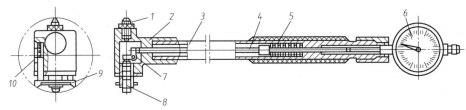

图2-6　内径百分表结构图

1—固定(可换)量柱;2—三通管;3—表架套杆;4—传动杆;5—测力弹簧;
6—百分表;7—等臂杠杆;8—活动量柱;9—定位护桥(弦板);10—定位弹簧

2. 内径百分表的工作原理

内径百分表是内量杠杆式测量架和百分表的组合,用以测量或检验零件的内孔、深孔直径及其形状精度。如图2-6所示,内径百分表是以同轴线的固定量柱1和活动量柱8与被测工件的孔壁相接触来进行测量的,传动原理也较为简单。测量时,内径百分表测头先伸入被测工件,被测工件尺寸(偏差)的变化量,引起表架支承中的活动量柱8做直线位移,1∶1经直角等臂传动杠杆7的90°转换,传到主体导孔中的传动杆4。而传动杆4始终与百分表测头接触,故而推动百分表6的测量杆,从而测出了工件的内径尺寸。综上,活动量柱8每移动0.01 mm,使传动杆4也移动0.01 mm,从而使百分表指针转动1格,故活动量柱8的移动量可以在百分表6上读出。

内径百分表测量孔径的方法属于相对法,又称比较法,是指计量器具显示或指示出被测几何量相对于已知标准的偏差,测量结果为已知标准量与该偏差值的代数和。

3. 内径百分表的测量原理

用内径百分表测量内径是一种比较量法,测量前应根据被测孔径的大小,在专用的环规或百分尺上调整好尺寸后才能使用。调整内径百分表的尺寸时,选用可换测头的长度及其伸出的距离(大尺寸内径百分表的可换测头,是用螺纹旋上去的,故可调整伸出的距离,小尺寸的不能调整),应使被测尺寸在活动测头总移动量的中间位置。内径百分表的示值误差比较大,如测量范围为35~50 mm时,示值误差为±0.015 mm。为此,使用时应当经常在专用环规或百分尺上校对尺寸(习惯上称校对零位),以便提高测量精度。内径百分表的指针摆动读数,刻度盘上每一格为0.01 mm,共刻有100格,即指针每转一圈为1 mm。

4. 测量方法

(1)使用内径百分表时,一手拿住表杆绝热套,另一手托住表杆下部靠近测杆的部位。

(2)测量时,使内径量表的测杆与孔径轴线保持垂直,才能测量准确。沿内径量表的测杆方向摆动表杆,使圆表盘指针指示到最小数字即圆表盘指针顺时针偏转的终点时,表示测杆已垂直于孔径轴线。

5. 使用方法

粗加工时,最好先用游标卡尺或内卡钳测量。因内径百分表同其他精密量具一样属贵重仪器,其好坏与精度直接影响到工件的加工精度和其使用寿命。粗加工时工件加工表面粗糙不平而测量不准确,也使测头易磨损。因此,须加以爱护和保养,精加工时再进行测量。测量前应根据被测孔径大小用外径百分尺调整好尺寸后才能使用。在调整尺寸时,正确选用可换测头的长度及其伸出距离,应使被测尺寸在活动测头总移动量的中间位置。测量时,连杆中心线应与工件中心线平行,不得歪斜,同时应在圆周上多测几个点,找出孔径的实际尺寸,看是否在公差范围以内。

内径百分表测量孔径是一种相对的测量方法。测量前应根据被测孔径的尺寸大小,在千分尺或环规上调整好尺寸后才能进行测量。所以在内径百分表上的数值是被测孔径尺寸与标准孔径尺寸之差。它的测量范围分为:10～18、18～35、35～50、50～100、100～160、160～250、250～450。

6. 读数

(1)百分表圆表盘刻度为100,长指针在圆表盘上转动一格为0.01 mm,转动一圈为1 mm;小指针偏动一格为1 mm。

(2)测量时,当圆表盘指针顺时针方向离开"0"位,表示被测实际孔径小于标准孔径,它是标准孔径与表针离开"0"位格数的差;当圆表盘指针逆时针方向离开"0"位,表示被测实际孔径大于标准孔径,它是标准孔径与表针离开"0"位格数之和。

(3)若测量时,表盘小针偏移超过1 mm,则应在实际测量值中减去或加上1 mm。

特别注意:测杆、测头、百分表等配套使用,不要与其他表混用。

7. 测量步骤

(1)合理选用固定量柱,并且以上述方法利用外径千分尺对内径百分表进行校准零位。

(2)将完成校准的内径百分表测头伸入被测工件孔内,使固定量柱1(见图2-6)和活动量柱8(见图2-6)与被测工件的孔壁相接触。表架中心轴线应与工件中心线平行,不得倾斜。

(3)在孔的纵截面内往复摆动内径百分表,如图2-7所示,观察百分表的示值变化。当百分表指针的最小值处转折摆向时,读出并记录数据。

(4)在孔的上、中、下3个截面内,互相垂直的2个方向,共测出6个点。

(5)将测量结果计入实验表格中,并进行相关数据分析处理。按照是否超出工件设计公差所确定的最大与最小极限尺寸,判断其是否合格。

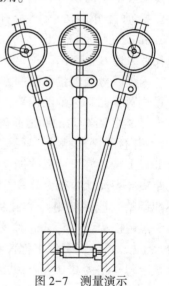

图2-7　测量演示

2.4　量　规

光滑极限量规(塞规)如图2-8所示,用来测量工件内孔尺寸的精密量具。量规应成对使用,其中一端是通端(T),另一端是止端(Z)。

通端是根据工件的下极限尺寸确定的,止端是根据工件的上极限尺寸确定的。量规只能判断零件合格与否,不能准确确定零件的具体尺寸。检测时,通端能通过,止端不过,则工件尺

图 2-8 塞规实物图

寸合格。

【任务实施】

1. 减速器传动轴的尺寸检测

配合	配合公差	配合制	配合种类	间隙/过盈量	备注
$\phi30H7/\phi30g6$					
$\phi44H6/\phi44\pm0.015$					

2. 零件是否合格判定

按零件单件进行检验,判断是否合格,并判定是否满足配合性质。

【知识拓展】

光滑极限量规设计

1. 概述

光滑极限量规简称量规,是指具有以孔或轴的上极限尺寸和下极限尺寸为公称尺寸的标准测量面,能反映被测孔或轴边界条件的无刻线长度测量器具。它不能确定工件的实际尺寸,只能确定工件尺寸是否处于规定的极限尺寸范围内。结构简单,制造容易,使用方便,因此广泛应用于成批大量生产中。

光滑极限量规有塞规和卡规。塞规是孔用极限量规。塞规由通端和止端两部分组成。通端是根据孔的下(最小)极限尺寸确定的,作用是防止孔的实际尺寸小于孔的下(最小)极限尺寸;止端是按孔的上(最大)极限尺寸设计的,作用是防止孔的实际尺寸大于孔的上(最大)极限尺寸,如图 2-9(a)所示。

光滑极限量规技术条件的标准是 GB/T 1957—2006,适用于国家标准规定的公称尺寸为:至 500 mm,公差等级为 IT6~IT16 的采用包容要求的孔与轴。

2. 量规分类

量规按用途分为:工作量规、验收量规和校对量规三种。

(1)工作量规:是工人在生产过程中检验工件用的量规,它的通端和止端分别用代号"T"和"Z"表示。实际生产中,工作量规用得最多,最普遍。

(2)验收量规:是检验部门或用户验收产品时使用的量规。

(3)校对量规:是校对轴用工作量规的量规,以检验其是否符合制造公差和在使用中是否

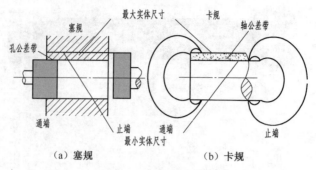

（a）塞规　　　　　　　（b）卡规

图 2-9　光滑极限量规

达到磨损极限。

3. 工作量规公差带

通端在检验零件时,要经常通过被检零件,其工作表面会逐渐磨损以至报废。通端使用过程中除了存在合理的使用寿命外,还必须留有适当的磨损量。因此,通端偏差由工作量规尺寸公差 T_1 和通端工作量规公差带的中心线至工件最大实体之间的距离 Z_1 两部分组成。

止端由于不经常通过零件,磨损极少,所以只规定了制造公差。量规设计时,以被检零件的极限尺寸作为量规的公称尺寸。

验收极限是判断所检验工件合格与否的尺寸界限。图 2-10 所示为光滑极限量规公差带图。标准规定公差带以不超越工件极限尺寸为原则。

（1）通规的公差带对称于 Z_1 值（称为通端的位置要素）,其允许磨损量以工件的最大实体尺寸为极限。

（2）止端的制造公差带是从工件的最小实体尺寸算起,分布在尺寸公差带之内。

工作量规尺寸公差 T_1 和通端公差带位置要素 Z_1,是综合考虑了量规的制造工艺水平和使用寿命,按工件的公称尺寸、标准公差等级给出的,具体数值见表 2-3。

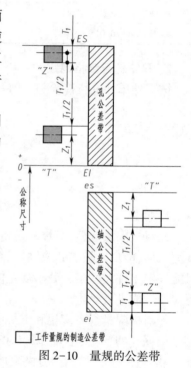

图 2-10　量规的公差带

表 2-3　IT6～IT11 级工作量规制造公差与位置要素值（单位：μm）

工件基本尺寸/mm	IT6			IT7			IT8			IT9			IT10			IT11		
	TI6	T	Z	IT7	T	Z	IT8	T	Z	IT9	T	Z	IT10	T	Z	IT11	T	Z
≤3	6	1	1	10	1.2	1.3	14	1.6	2	25	2	3	40	2.4	4	60	3	6
>3～6	8	1.2	1.4	12	1.4	2	18	2	2.6	30	2.4	4	48	3	5	75	4	8
>6～10	9	1.4	1.6	15	1.8	2.4	22	2.4	3.2	36	2.8	5	58	3.6	6	90	5	9
>10～18	11	1.6	2	18	2	2.8	27	2.8	4	43	3.4	6	70	4	8	110	6	11

工件基本尺寸/mm	IT6			IT7			IT8			IT9			IT10			IT11		
	TI6	T	Z	IT7	T	Z	IT8	T	Z	IT9	T	Z	IT10	T	Z	IT11	T	Z
>18~30	13	2	2.4	21	2.4	3.4	33	3.4	5	52	4	7	84	5	9	130	7	13
>30~50	16	2.4	2.8	25	3	4	39	4	6	62	5	8	100	6	11	160	8	16
>50~80	19	2.8	3.4	30	3.6	4.6	46	4.6	7	74	6	9	120	7	13	190	9	19
>80~120	22	3.2	3.8	35	4.2	5.4	54	5.4	8	87	7	10	140	8	15	220	10	22

4. 量规其他技术要求

（1）工作量规的几何误差应在量规的尺寸公差带内。

（2）几何公差为尺寸公差的 50%，当量规尺寸公差小于 0.002 mm 时，由于制造和测量都比较困难，几何公差都规定选为 0.001 mm。

（3）量规测量面的材料可用淬硬钢（合金工具钢、碳素工具钢等）和硬质合金。

（4）测量面的硬度不应小于 700 HV（或 60 HRC），应经稳定性处理。

（5）一般量规工作面的表面粗糙度要求比被检工件的表面粗糙度要求要严格些，量规测量面的表面粗糙度要求可参照相关标准选用。

5. 量规使用规则

对通端工作环规"T"应通过轴的全长；对止端工作环规"Z"应环绕不少于四个位置上进行检验。对通端工作塞规"T"，塞规的整个长度都应进入孔内，而且应在孔的全长上进行检验；对止端工作塞规"Z"，塞规不能进入孔内，如有可能，应在孔的两端进行检验。量规设计后标注方法如图 2-11 所示。

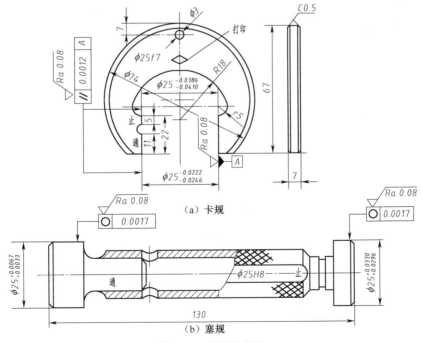

图 2-11　量规的标注

同 步 练 习

1. 选择题

(1)公差带相对于零线的位置反映了配合的(　　　)。

A. 精确程度　　　　　　B. 松紧程度　　　　　　C. 松紧变化的程度

(2)相互配合的孔和轴的精度决定了(　　　)。

A. 配合的松紧程度　　　B. 配合的性质　　　　　C. 配合精度的高低

2. 判断题

(1)对精度要求一般的工件,为使测量误差小,选择分度值小、灵敏度高的量仪进行测量为好。(　　　)

(2)无论公称尺寸是否相同,只要孔和轴能装配就称为配合。(　　　)

(3)相配合零件的尺寸精度越高,那么其配合间隙越小。(　　　)

3. 简答题

(1)孔的尺寸为φ150H9,验收极限为何种在内缩方式? 验收极限何时选用不内缩方式?

(2)配合分为哪几种? 如何选择配合形式?

任务3　减速器传动轴的几何尺寸公差与检测

【学习目标】

(1) 掌握几何要素的分离、几何公差的几何特征及项目符号；

(2) 掌握基准的类型和体现形式，并能正确选择基准；

(3) 能正确标注几何公差；

(4) 掌握公差原则及相关要求的具体应用；

(5) 认识未注几何公差的有关标注；

(6) 熟悉几何误差的评定及检测原则、检测方法。

【任务描述】

减速器上的传动轴零件图如图 3-1 所示。请分析零件图，图中标注的几何公差（见表 3-1）是什么含义及其特征是什么？选择适当的检测方法和检测量具对其进行检测并判断是否合格。

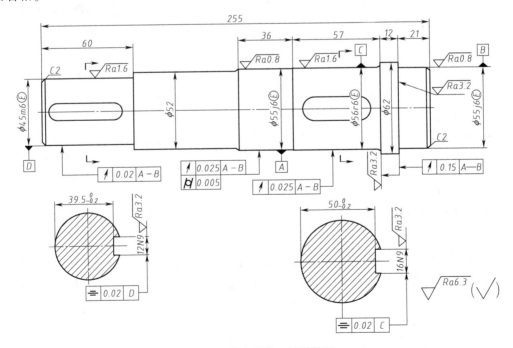

图 3-1　减速器传动轴零件图

表 3-1 减速器传动轴几何公差要求

几何公差要求			含义	代表的几何特征	检测方法
↗	0.025	A-B			
↗	0.025	A-B			
⌀	0.005				
↗	0.025	A-B			
↗	0.015	A-B			

【知识链接】

3.1 几何公差概述

零件在加工过程中由于受各种因素的影响,零件的几何要素不可避免地会产生形状误差和位置误差(简称几何误差),它们对产品的寿命和使用性能有很大的影响。如具有形状误差(如圆柱度误差)的孔和轴的配合,会因为间隙不均匀而影响配合性质,造成局部磨损致使寿命降低。几何误差越大,零件的几何参数的精度越低,其质量也越低。为了保证零件的互换性和使用要求,有必要对零件规定几何公差,用以限制几何误差。

3.1.1 几何公差的研究对象

几何公差的研究对象是构成零件几何特征的点、线、面。这些点、线、面统称为要素,如图 3-2 所示。几何公差就是研究这些要素在形状、方向、位置和跳动精度方面的问题。

几何要素可以从不同角度来分类:

1. 按结构特征分类

按结构特征划分,几何要素分为组成要素和导出要素。

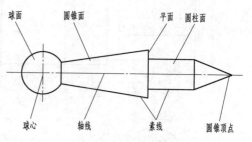

图 3-2 零件的几何要素

组成要素是指实有的面或面上的线。组成要素可以分为提取组成要素和拟合组成要素。提取组成要素是指按规定方法,由实际(组成)要素提取有限数目的点所形成的实际(组成)要素的近似替代。拟合组成要素是指由提取组成要素形成的并具有理想形状的组成要素。

导出要素是指由一个或几个组成要素得到的中心点、中心线或中心面。例如,球面是组成要素,球心是导出要素;圆柱面是组成要素,圆柱的中心轴线是导出要素。导出要素可划分为提取导出要素和拟合导出要素,其中,提取导出要素是指由拟合组成要素导出的中心点、轴线或中心平面。

提取组成要素和提取导出要素统称为提取要素;拟合组成要素和拟合导出要素统称为拟合要素。图 3-3(a)所示为图样上标注的理想状态下的组成要素,图 3-3(b)所示为展示了轴的形状存在误差后,提取的轴的中心线将偏离原来的理想状态。

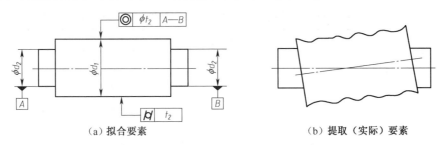

(a) 拟合要素　　　　　　　　　　　(b) 提取(实际)要素

图 3-3　拟合要素与提取(实际)要素

2. 按存在状态分类

按存在状态划分,几何要素可分为公称要素和实际要素。

公称要素又称为理想要素,是指具有几何学意义的要素。公称要素是按设计要求,由图样给定的点、线、面所确定的理想形态,它不存在任何误差,是绝对正确的几何要素。图样上表示的要素一般为公称要素。公称要素是评价实际要素的几何误差的基础。

公称要素可分为公称组成要素和公称导出要素。其中,公称组成要素是指由技术制图或其他方法确定的理论正确组成要素;公称导出要素是指由一个或几个公称制造要素导出的中心线、轴线或中心平面。

实际要素是指零件上实际存在的要素,是由加工形成的点、线、面等要素。如图 3-4 所示的端面 a 和孔。由于测量误差是不可避免的,对具体的零件,标准规定测量时由测得的要素代替实际要素。当然,它并非为该要素的真实状况。

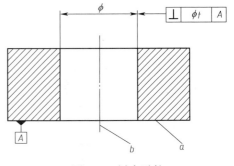

图 3-4　衬套零件

3. 按所处的地位分类

按所处的地位划分,几何要素可分为被测要素和基准要素。

被测要素是为保证零件的功能要求,必须控制其几何误差的要素,图样中给出了其形状和位置公差。

基准要素是用来确定被测要素的理想方向或位置的要素。

4. 按功能分类

按功能分为单一要素和关联要素。

单一要素是指在图样上仅对其本身给出形状公差要求,而与其他要素无功能关系的要素。关联要素是指在图样上给出位置公差,而与其他要素(基准)有功能关系的要素。

一般来说,在被测要素中,仅给出形状公差要求的要素为单一要素;给出位置公差要求的要素为关联要素。

3.1.2 几何公差的特征项目及符号

根据 GB/T 1182—2018 的规定,几何公差包括形状公差、方向公差、位置公差和跳动公差。几何公差的几何特征项目及符号见表 3-2。

表 3-2 几何公差的分类与特征符号(GB/T 1182—2018)

公差类别	几何特征名称	被测要素	符号	有无基准
形状公差	直线度	单一要素	——	无
	平面度		▱	
	圆度		○	
	圆柱度		⌭	
	线轮廓度		⌒	
	面轮廓度		◠	
方向公差	平行度	关联要素	//	有
	垂直度		⊥	
	倾斜度		∠	
	线轮廓度		⌒	
	面轮廓度		◠	
位置公差	位置度	关联要素	⊕	有或无
	同心度(用于中心点)		◎	有
	同轴度(用于轴线)		◎	
	对称度		=	
	线轮廓度		⌒	
	面轮廓度		◠	
跳动公差	圆跳动	关联要素	↗	有
	全跳动		↗↗	

3.1.3 几何公差带

几何公差带是指用来限制被测要素变动的区域。若被测要素完全落在给定的公差带区域内,则表示被测要素的形状和位置符合要求。几何公差带由形状、大小、方向和位置四个要素确定。

1. 几何公差带的形状

几何公差带的形状取决于被测要素的理想形状和给定的公差特征。常见的公差带形状主要有表 3-3 所示的九种。

表 3-3 常用的几何公差带

特征	公差带	特征	公差带
圆内区域的	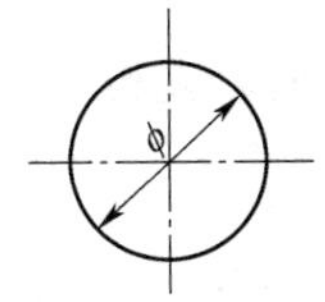	两等距曲线间的区域	
两同心圆间的区域	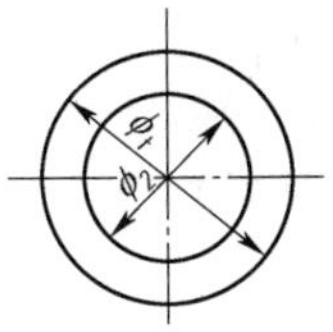	两平行平面间的区域	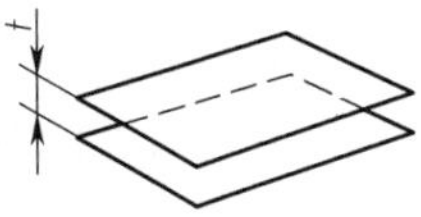
两同轴圆柱间的区域	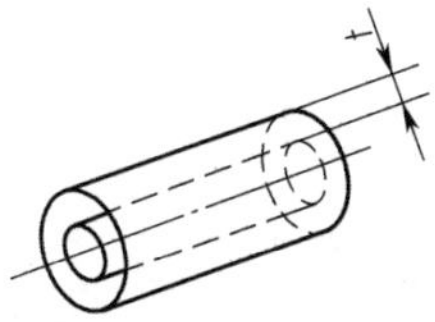	两等距曲面间的区域	
两平行直线间的区域	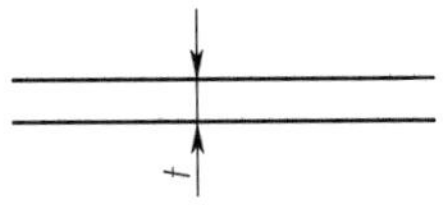	圆柱面内的区域	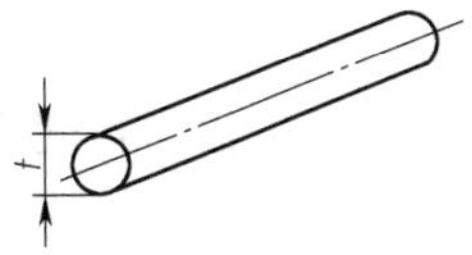
球内区域	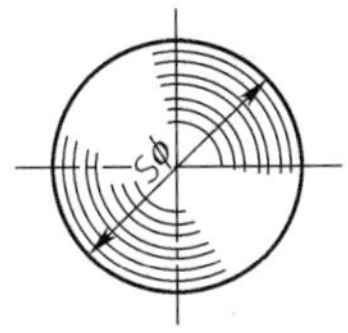		

2. 几何公差带的大小

几何公差带的大小指公差带的宽度或直径 ϕt,见表 3-3, t 为公差值,其取值大小取决于被测要素的形状和功能要求。

3. 几何公差带的方向

几何公差带的方向即评定被测要素误差的方向。几何公差带的放置方向直接影响误差评定的准确性。

4. 几何公差带的位置

几何公差包含位置公差和形状公差。

形状公差带没有位置要求,只用来限制被测要素的形状误差。但是用来限制形状的几何公差受到相应公差带的制约,在尺寸公差内浮动或由理论正确尺寸确定。

对于位置公差带,其位置由相对于基准的尺寸公差或理论正确尺寸确定。检测后得出的形状与位置误差,是实际被测要素对理想被测要素的变动量。

3.1.4 几何公差标注

几何公差代号包括几何公差有关项目的符号、几何公差框格和指引线、几何公差数值,其他有关符号和基准符号,如图 3-5 所示。

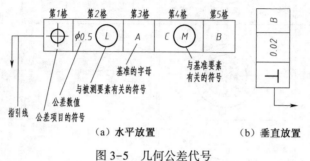

（a）水平放置　　　　（b）垂直放置

图 3-5　几何公差代号

1. 几何公差框格

几何公差框格有两格或多格两种,可以水平放置,也可以垂直放置,自左至右依次填写公差项目符号、公差数值(单位为 mm)和基准符号字母,第二格及其后各格中还可填写其他有关符号。

2. 指引线与被测要素

指引线用细实线表示,可从框格的任一端引出,引出段必须垂直于框格,指向被测要素。引向被测要素时允许弯折,但不得多于两次,见表 3-4、图 3-5。

表 3-4　被测要素的标注

序号	解释	图例
1	当被测要素是轮廓要素时,箭头应指向轮廓线,但必须与尺寸线明显错开	
2	当被测要素是中心要素时,箭头应对准尺寸线,即与尺寸线的延长线重合; 被测要素指引线的箭头可代替一个尺寸箭头; 公差带为圆形或圆柱形时,在公差前加"ϕ";为圆球时加"$S\phi$"	
3	受图形限制,需表示图样中某视图的几何公差要求时,可由黑点处作引出线,箭头指向引出线的水平线	

序号	解　释	图　例
4	当被测要素是圆锥体的轴线时，指引线对准圆锥体的大端或小端的尺寸线； 如图样中仅有任意处的空白尺寸线，则可与该尺寸线相连； 如需给出某要素几种几何特征公差，可将公差框格放在另一个标注的上方	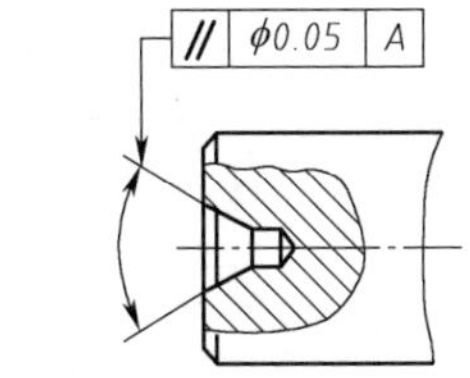 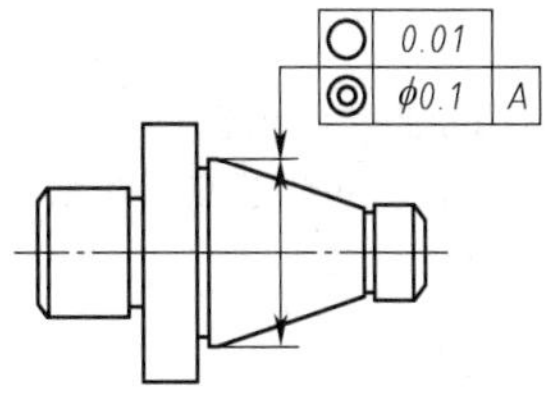
5	仅对被测要素的局部提出几何公差要求，可用粗点画线画出其范围，并标注尺寸	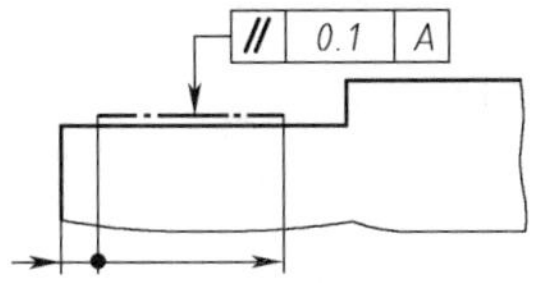 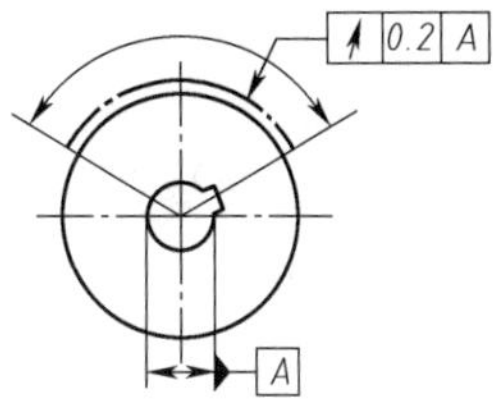

3. 基准符号与基准要素

基准要素需用基准符号表示出来，基准用一个（或几个）大写字母表示。字母注在基准框格内，与一个涂黑或空白的三角形相连以表示基准，见表 3-5。

表 3-5　基准要素的常用标注方法

序号	解　释	图　例
1	当基准要素是轮廓线或面时，基准三角形应放在基准要素的轮廓线或轮廓面上，也可靠近轮廓的延长线上，但必须与尺寸线明显分开	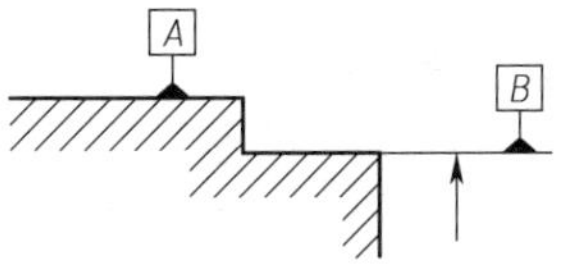 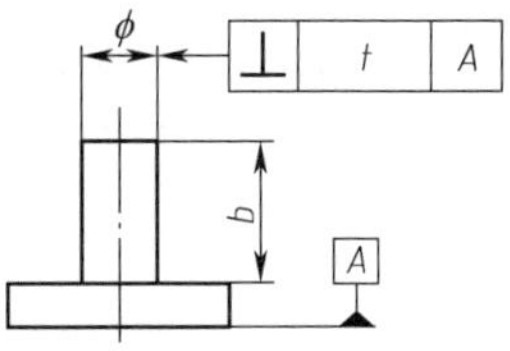
2	当基准要素是中心要素轴线、中心线或中心点时，基准三角形应放在尺寸线的延长线上	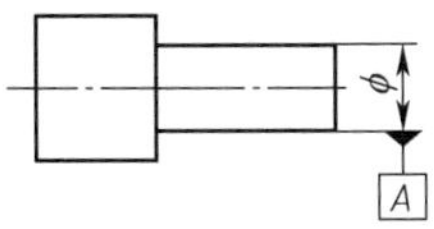 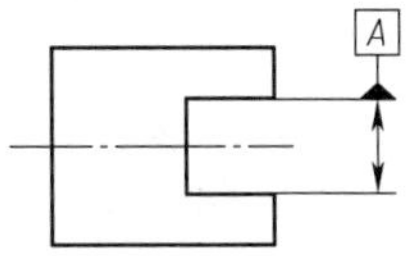
3	受图形限制，需表示某要素为基准要素时，可由黑点处作引出线，基准三角形可置于引出线的水平线上	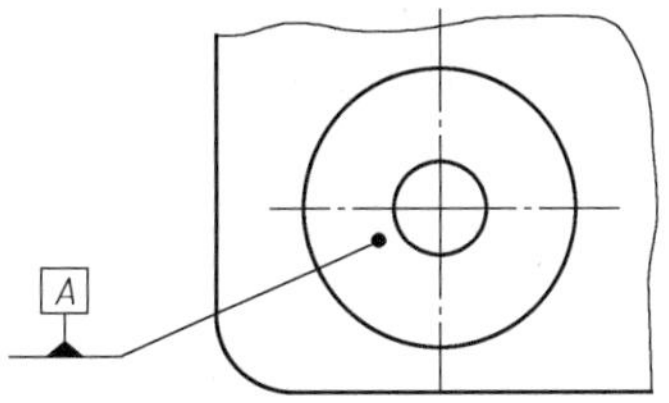
4	当基准要素与被测要素相似而不易分辨时，应采用任选基准符号，将基准三角形改为箭头即可	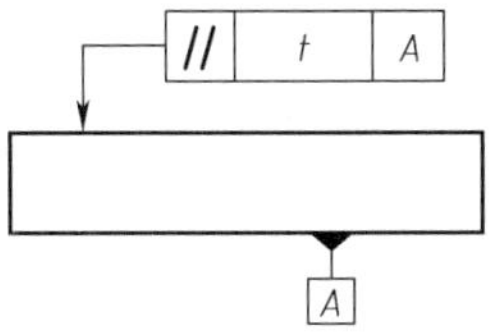 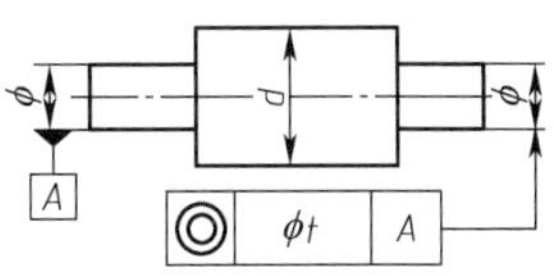

序号	解 释	图 例
5	仅用要素的局部而不是整体作为基准要素时,可用粗点画线画出其他范围,并标注尺寸	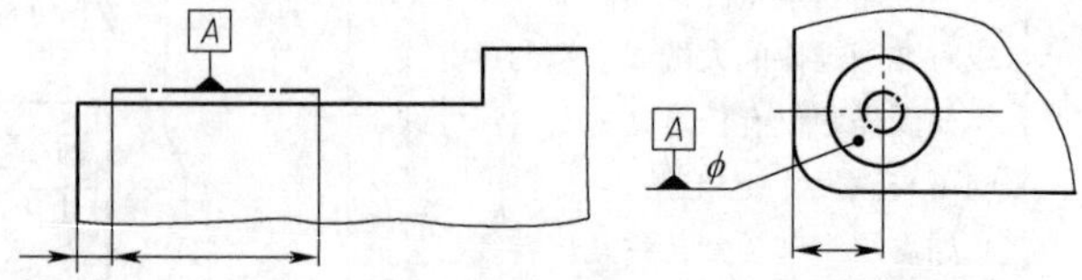
6	当被测要素的形式是线而不是面时,应在公差框格附近注明,如线素符号"LE"	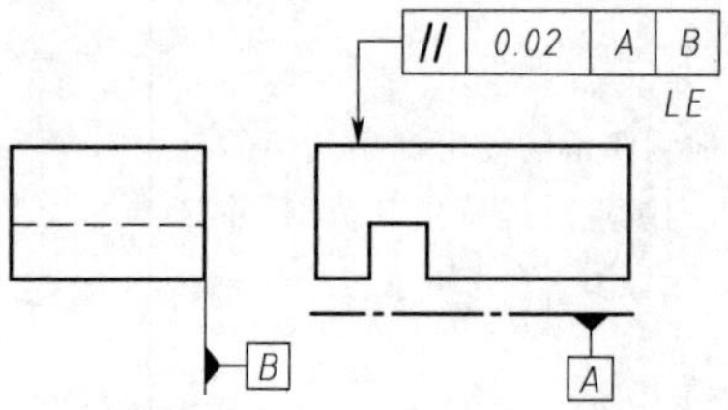

4. 各类几何公差之间的关系

限定要素某种类型几何误差的几何公差,也能限制该要素其他类型的几何误差,即:

(1)要素的形状公差,只能控制该要素的形状误差。

(2)要素的定向公差,可同时控制该要素的定向误差和形状误差。

(3)要素的位置公差,可同时控制该要素的位置误差、定向误差和形状误差。

几何公差的特殊标注方法见表3-6,几何误差的限定符号见表3-7。

表3-6 几个公差的特殊标注方法

序号	名称	标注规定	示 例
1	公共公差带	①图a所示为若干个分离要素给出单一公差带时,在公差框格内公差值的后面加注公共公差带的符号CZ(表示三个平面的公差带相同)。 ②图b所示为一个公差框格用于具有相同几何特征和公差值的若干个分离要素(说明有数个公差类别和数值相同,但位置分离的被测要素)	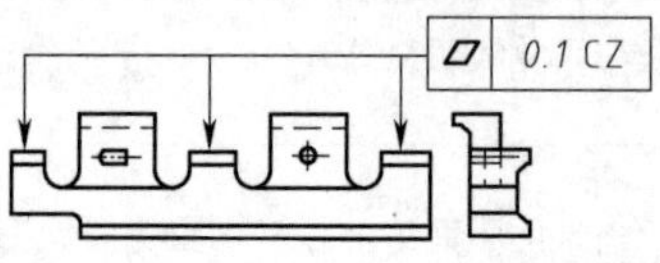 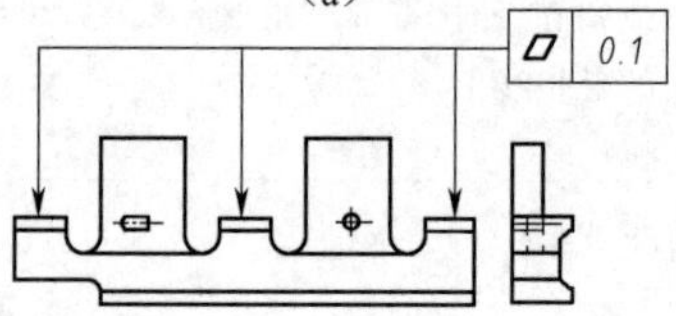
2	全周符号	轮廓度特征适用于横截面的整周轮廓或由该轮廓所示的整周表面时,应采用"全周"符号表示。 ①图a为外轮廓线的全周统一要求。 ②图b为外轮廓面的全周统一要求	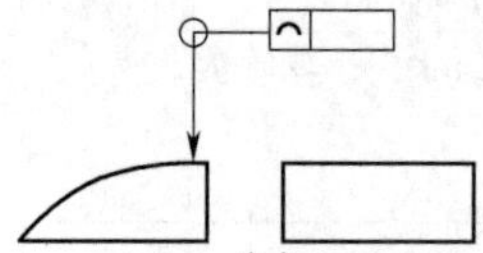 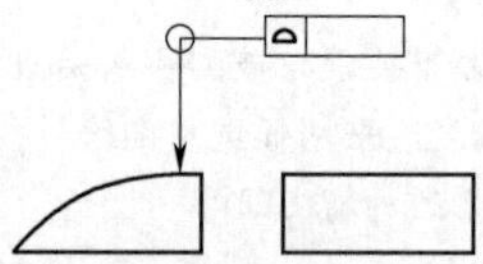

续表

序号	名称	标注规定	示　例
3	对误差值的进一步限制	对同一被测要素,如在全长上给出公差值的同时,又要求在任一长度上进一步限制,则可同时给出全长上和任意长度上的两项要求,任一长度的公差值要求用分数表示,如图(a)所示。 　同时给出全长和任一长度上的公差值时,全长上的公差值框格置于任一长度的公差值框格上面,如图(b)所示。 　如需限制被测要素在公差带内的形状,应在公差框格下方注明符号 NC,如图(c)所示,表示不凸起	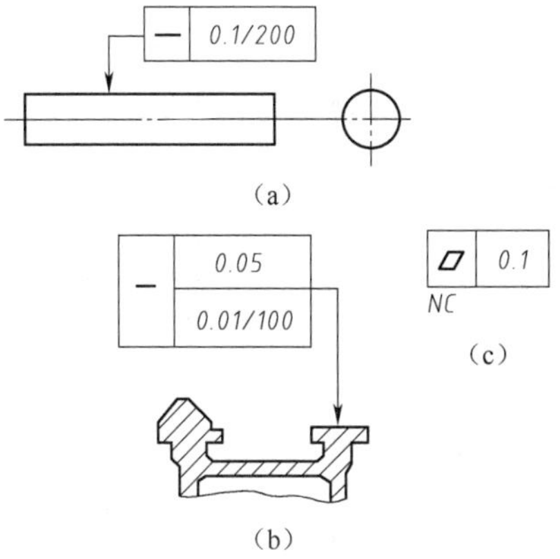
4	说明性内容	表示被测要素的数量,应注在框格的上方。其他说明性内容,如检测的要求和公差带控制范围,应注在框格的下方。但也允许例外的情况,如上方或下方没有位置标注时,可注在框格的周围或指引线上	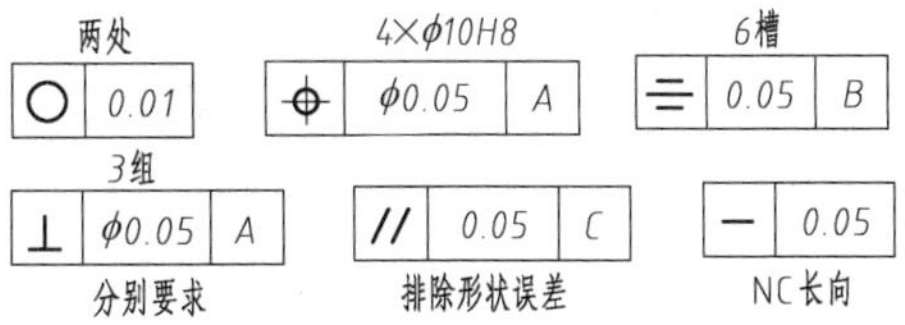
5	螺纹	一般情况下,以螺纹的中径轴线作为被测要素或基准时,不需要另加说明。 　如需以螺纹大径或小径作为被测要素基准要素时,应在框格下方或基准符号中的方格下方加注"MD"(大径)或"LD"(小径),如右图所示	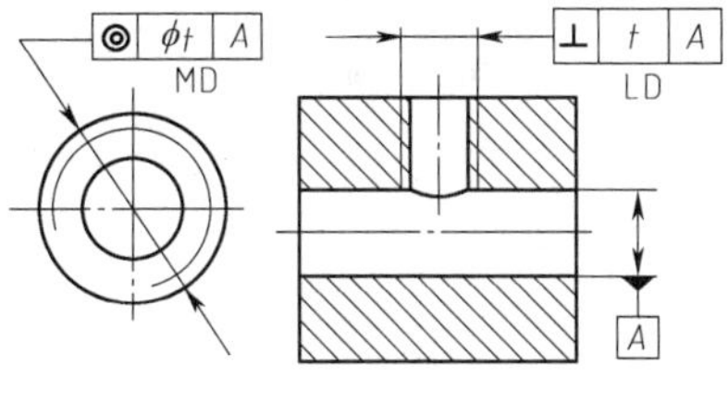
6	齿轮、花键	由齿轮和花键作为被测要素或基准要素时,其分度圆轴线用"PD"表示。大径(对外齿轮是齿顶圆直径,内齿轮是齿根圆直径)轴线用"MD"表示,小径(对外齿轮是齿根圆直径,内齿轮是齿顶圆直径)轴线用"LD"表示,如右图所示	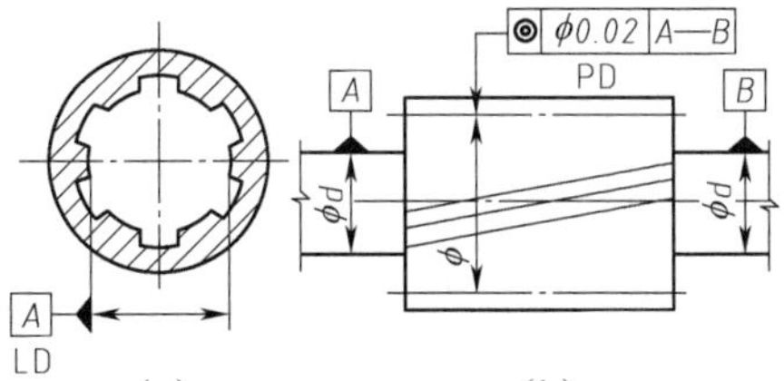

表 3-7　几何误差值的限定符号

序号	对误差的限定	符号	标注示例
1	只许实际要素的中间部位向材料内凹下	(−) $\boxed{—\ |\ t(-)}$	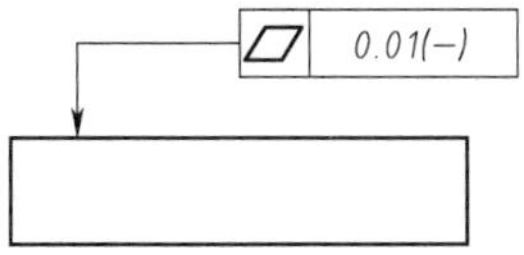
2	只许实际要素的中间部位向材料内凸起	(+) $\boxed{▱\ |\ t(+)}$	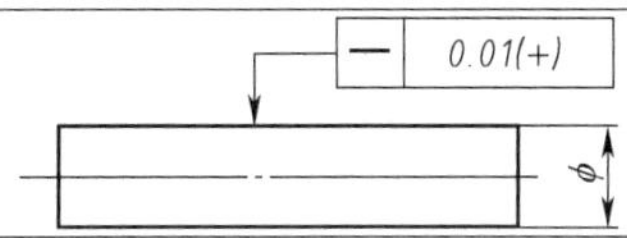

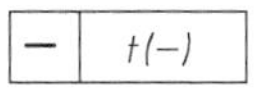

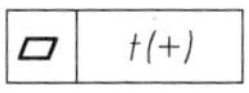

序号	对误差的限定	符号	标注示例
3	只许实际要素从左至右逐渐减小	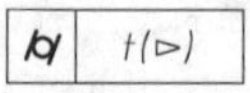 (▷) `⌭` `t(▷)`	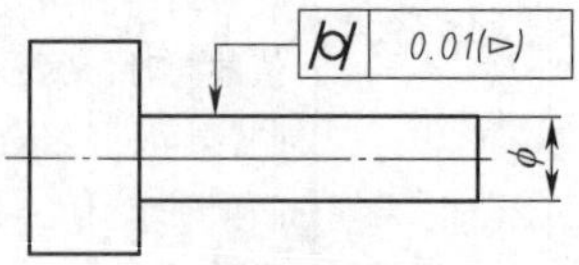 `⌭` `0.01(▷)`
4	只许实际要素从右至左逐渐减小	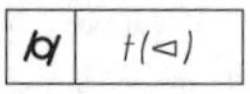 (◁) `⌭` `t(◁)`	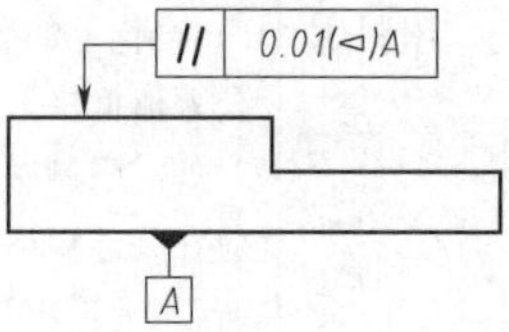 `∥` `0.01(◁)A` ... `A`

注:本表摘自 GB/T 1182—2018。

3.1.5 几何公差的几何特征

几何公差是用来限制零件本身的几何误差的,是实际被测要素的允许变动量。国家标准将几何公差分为形状公差、方向公差、位置公差和跳动公差 3 个部分。

1. 形状公差

形状公差有直线度、平面度、圆度、圆柱度、线轮廓度和面轮廓度 5 个项目。形状公差是单一被测要素的形状对其理想要素允许的变动量。形状公差带是限制单一实际被测要素变动的区域。形状公差没有基准要求,其公差带是浮动的。形状公差带的定义及标注示例见表 3-8。

2. 形状或位置公差(轮廓度公差)

线轮廓度或面轮廓度公差是对零件表面的要求(非圆表面和非圆曲面),可以仅限制其限制误差,也可以限制形状误差的同时,还对基准提出要求,均属于关联要素。

轮廓度公差的定义、标注及示例见表 3-9。

表 3-8 形状公差带的标注、识读、定义及示例

序　号	标注和解释	公差带定义	典型示例
1. 直线度	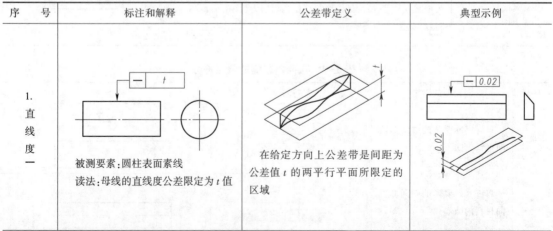 被测要素:圆柱表面素线 读法:母线的直线度公差限定为 t 值	在给定方向上公差带是间距为公差值 t 的两平行平面所限定的区域	

续表

序　　号	标注和解释	公差带定义	典型示例
1. 直 线 度 —	被测要素:三棱体棱线直线度。 读法:三棱边直线度限定在 t_1 及 t_2 区域内	公差带为相互垂直的间距等于公差值 t_1 及 t_2 区域内的两行平面所限定的区域	
	被测要素:圆柱体的轴线。 读法:轴线直线度公差值为 t	在任意方向上,公差带是直径为 ϕt 的圆柱面内的区域	
2. 平 面度 ▱	被测要素:上表面及左右表面。 读法:被测平面不凸起且公差数值为 t	公差带为间距等于公差值 t 的两平行平面所限定的区域	

序　号	标注和解释	公差带定义	典型示例
3. 圆度 ○	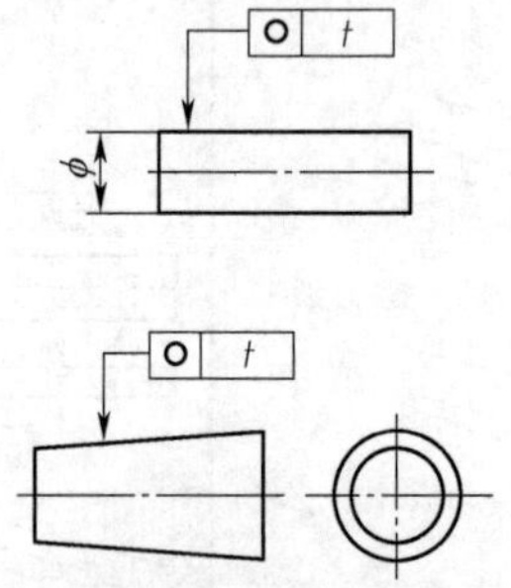 被测要素:圆柱(圆锥)任意正截面内半径差等于 t 限定的同心圆。 读法:圆柱(圆锥)任意正截面的圆度公差为 t 值	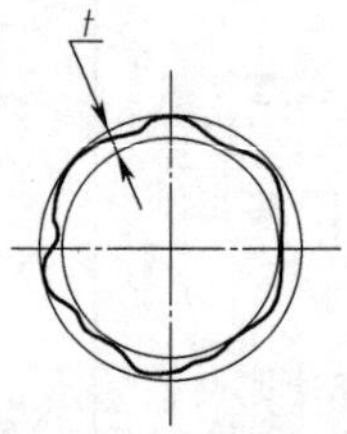 公差带为在给定横截面内、半径差等于公差值 t 的两同心圆所限定的区域	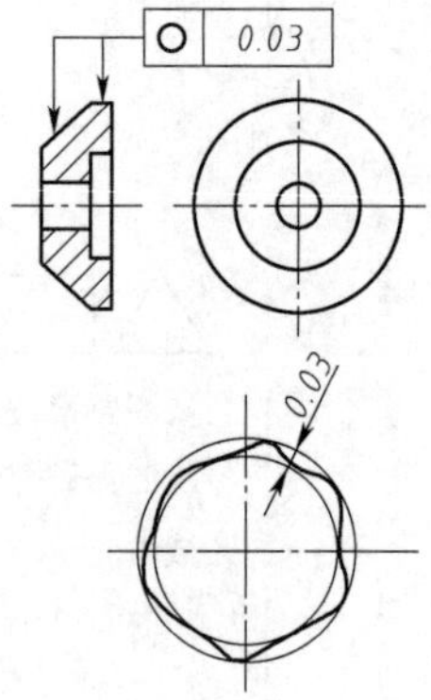
4. 圆柱度 ⌭	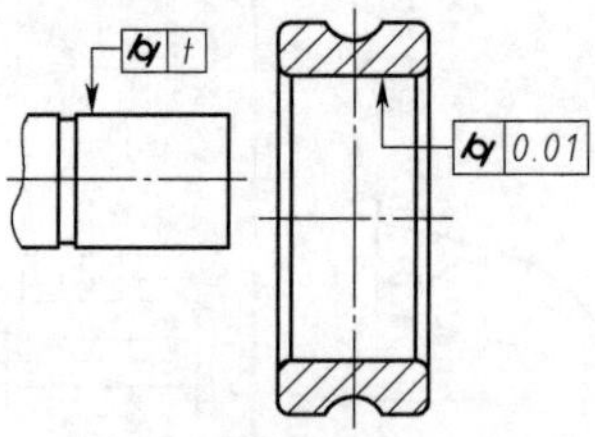 被测要素:圆柱面相应限定在半径差等于 t 的两同轴圆柱面间。 读法:圆柱面的圆柱度公差为 t 值	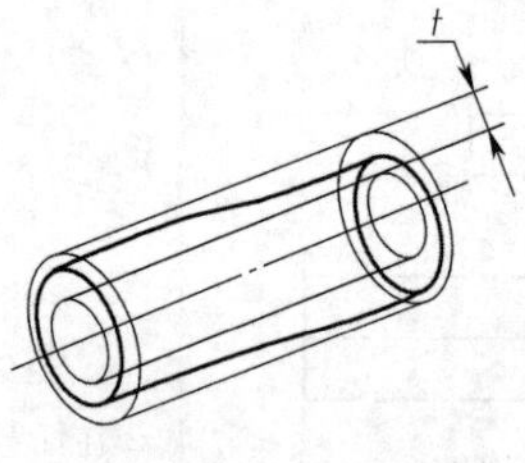 公差带为半径差等于公差值 t 的两同轴圆柱面所限定的区域	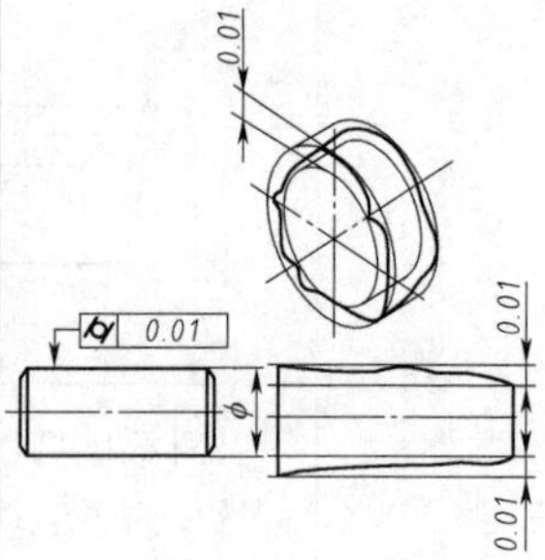

表 3-9　轮廓度公差的定义、标注及示例

序　号	标注和解释	公差带定义	典型示例
1. 线轮廓度 ⌒	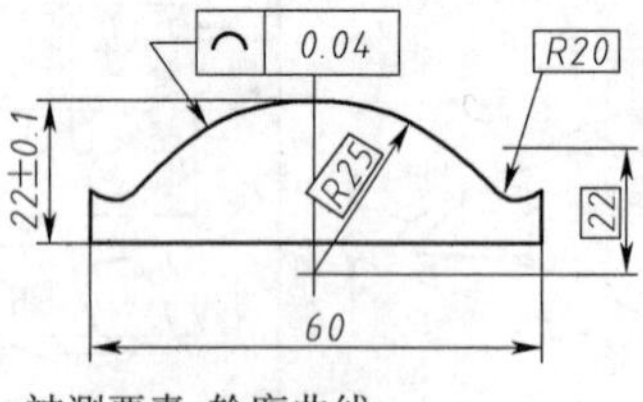 被测要素:轮廓曲线。 基准要素:无。 读法:实际轮廓线应限制在直径等于 0.04 mm、圆心位于被测要素理论正确几何形状上的一系列圆的两包络线之间	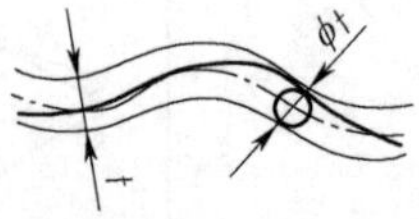 公差带为值等于公差值 t、圆心位于其具有理论正确几何形状上的一系列圆的两包络线所限定的区域	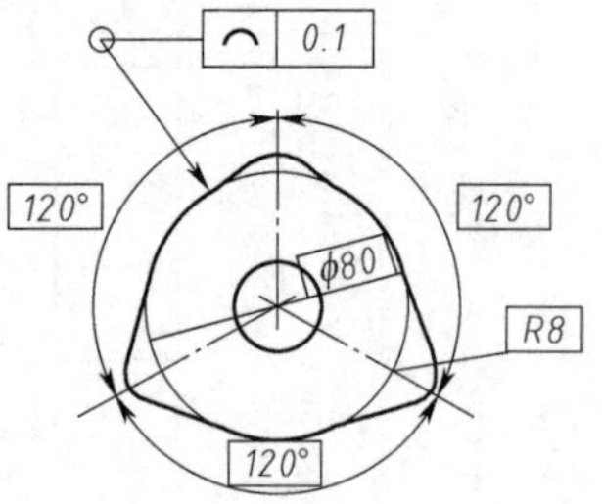

序　号	标注和解释	公差带定义	典型示例
1. 线轮廓度⌒	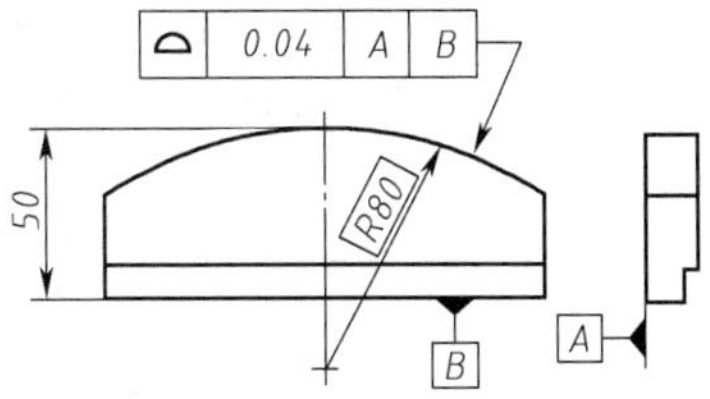 被测要素:轮廓曲线。 基准要素:A、B面基准体系。 读法:实际轮廓应限定在直径等于0.04 mm、圆心位于两基准平面A和B确定的被测要素理论正确几何形状上的一系列圆的两等距包络线之间	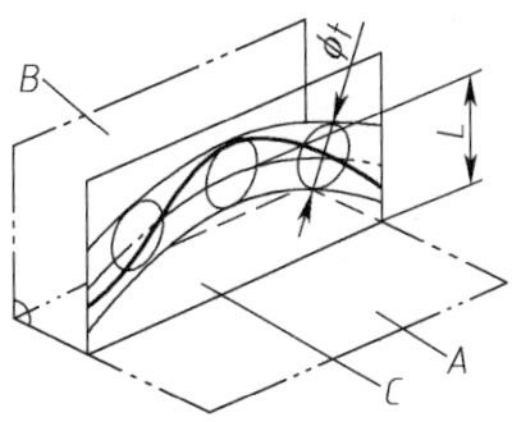 基准平面A、B 公差带为直径等于公差值t、圆心位于两基准平面A和B确定的被测要素理论正确几何形状上的一系列圆的两等距包络线所限定的区域	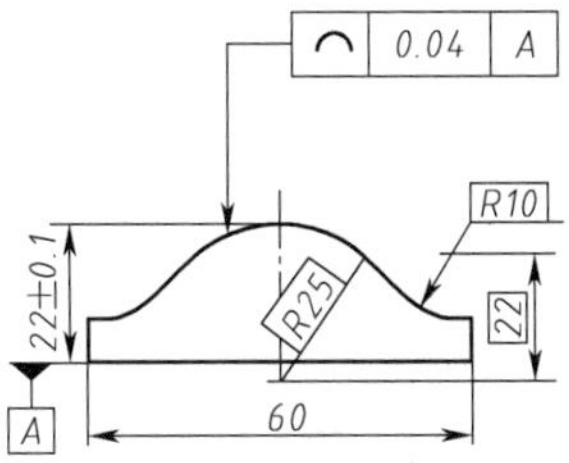
2. 面轮廓度⌓	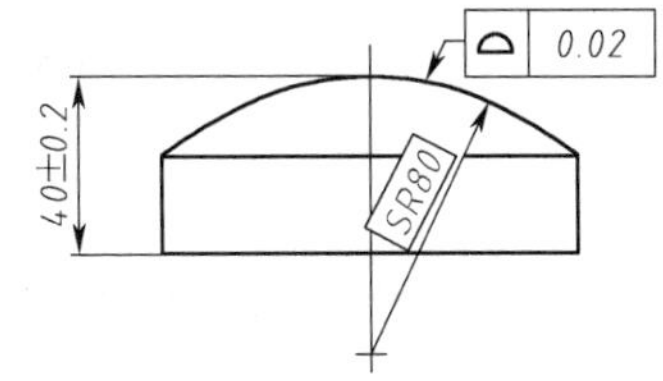 被测要素:轮廓曲面。 基准要素:无。 读法:轮廓面应限定在直径等于0.02 mm、球心位于被测要素理论正确几何形状上的一系列圆球的两包络线之间	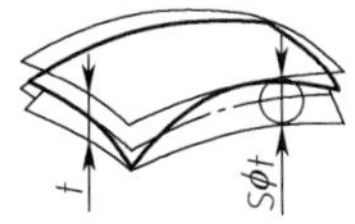 公差带为直径等于公差值t、球心位于被测要素理论正确形状上的一系列圆球的两包络面所限定的区域	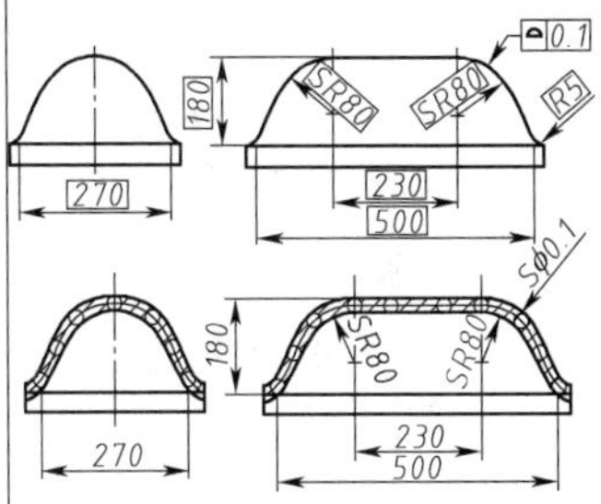
	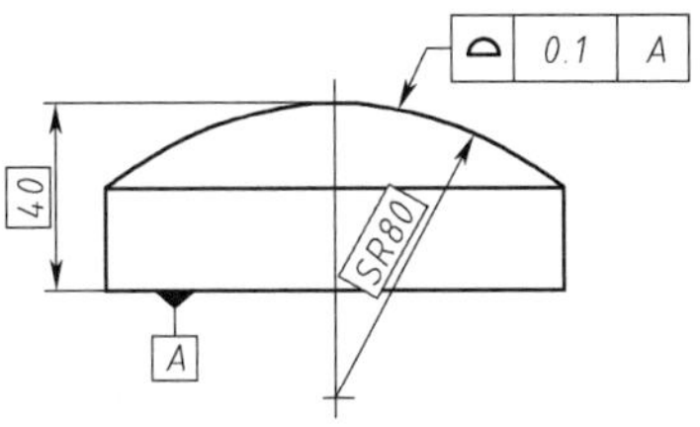 被测要素:轮廓曲面。 基准要素:无。 读法:轮廓面应限定在直径等于0.1 mm、球心位于基准平面A确定的被测要素理论正确几何形状上的一系列圆球的两等距包络面之间	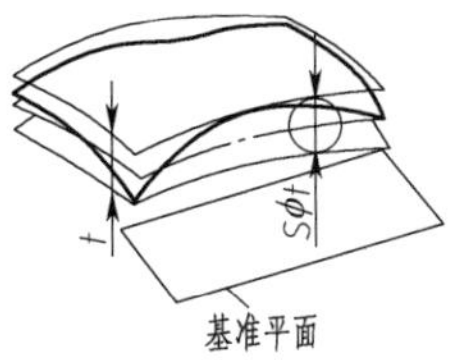 基准平面 公差带为直径等于公差值t、球心位于基准平面确定的被测要素理论正确几何形状上的一系列圆球的两等距包络面所形成的区域	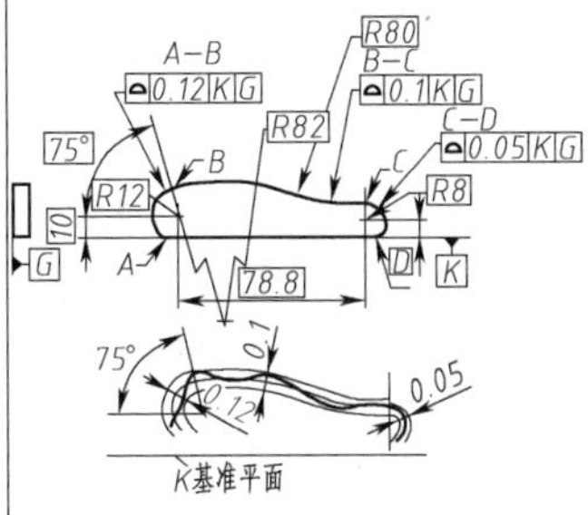

3. 位置公差

位置公差是限制关联被测要素对其有确定位置的理想要素允许的变动量。

1）基准

基准是确定要素间几何关系、方向或（和）位置的依据。根据关联被测要素所需基准的个数及构成某基准的零件上要素的个数，图样上标出的基准可归纳为三种，如图 3-6 所示。

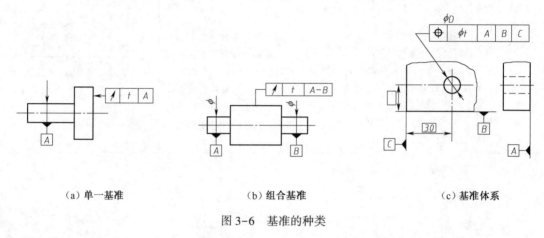

（a）单一基准　　　　　　（b）组合基准　　　　　　（c）基准体系

图 3-6　基准的种类

（1）单一基准。由一个要素建立的基准称为单一基准。如一个平面、中心线或轴线等。

（2）组合基准（或称为公共基准）。由两个或两个以上要素（理想情况下这些要素共线或共面）共同构成、起单一基准作用的基准称为组合基准。在公差框格中标注时，将各个基准字母用短横线相连并写在同一格内，以表示作为单一基准使用，如图 3-6（b）所示。

（3）基准体系若某被测要素需由两个或三个相互间具有确定关系的基准共同确定，这种基准称为基准体系。应用基准体系时，要特别注意按功能重要性排列基准的顺序，填写在框格第三格的称为第一基准，填写在第二格的称为第二基准，填写在第一格的称为第三基准，如图 3-6（c）所示。

2）方向公差

方向公差有平面度、垂直度、倾斜度和线轮廓度 4 种。因被测要素和基准要素有直线或平面之分，定向公差可有线对基准线、面对基准线、线对基准面和面对基准面 4 种形式。

方向公差带是关联被测要素对其具有确定方向的理想要素允许的变动量。

方向公差特点如下：相对于基准有方向要求（平行、垂直或倾斜、理论正确角度）；在木质方向要求的前提下，公差带的位置可以浮动；能综合控制被测要素的形状误差。因此，当对某一被测要素给出定向公差后，通常不再对该要素给出形状公差，如果在功能上需要对形状精度有更高要求，可以同时给出形状公差，但是，形状公差一定要小于定向公差。

方向公差带的定义及标注示例见表 3-10。

表 3-10　方向公差带的定义及标注示例

符　号	标注和解释	公差带定义	示例
1. 平行度 ∥	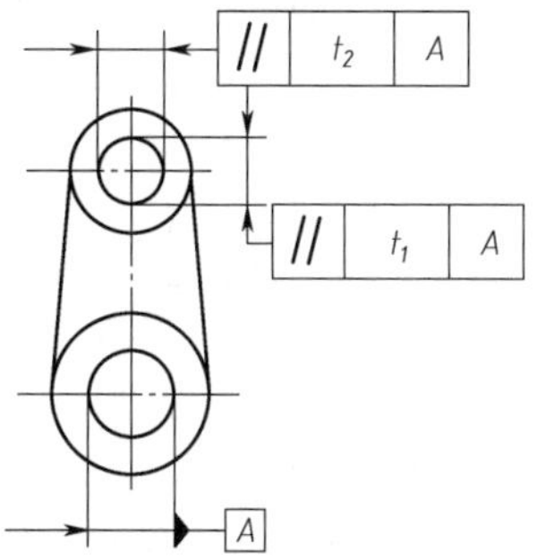 被测要素：小孔轴线平行度。 基准要素：大孔轴线 A。 读法：小孔轴线必须位于间距分别为公差带 t_1 和 t_2 在给定的互相垂直方向上且平行于基准轴线的两组平行平面之间	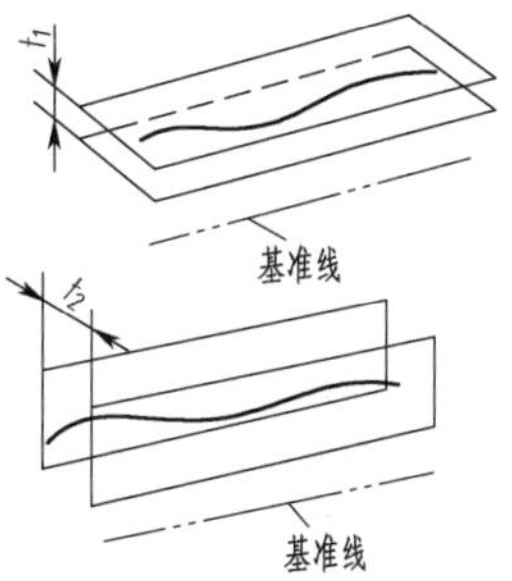 公差带是相对互相垂直的、间距为 t_1 和 t_2 且平行于基准线的平行平面之间的区域	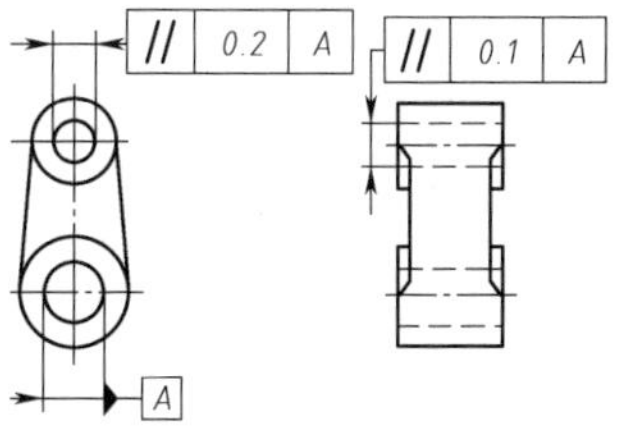
	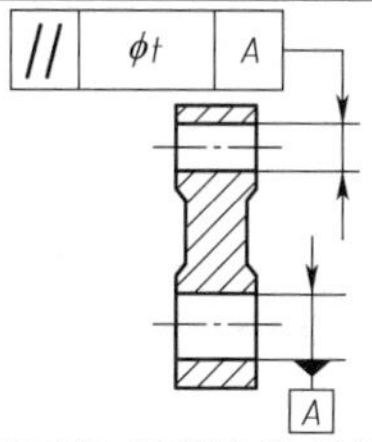 被测要素：被测孔轴线任意方向的平行度 ϕt。 基准要求：大孔轴线 A。 读法：被测孔中心线必须位于间距为公差带值 t，且平行于基准轴线的圆柱面内	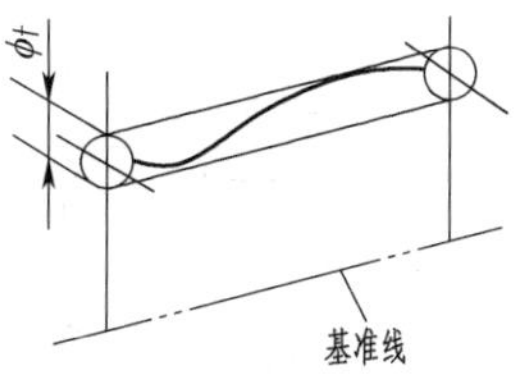 在公差值前加注 ϕ，公差带是直径为公差值 t，且平行于基准轴线的圆柱面内的区域	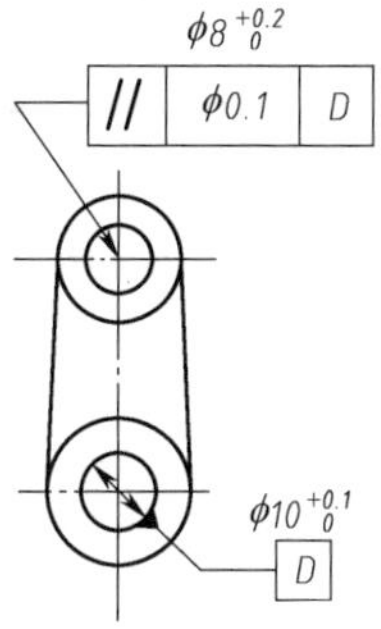
	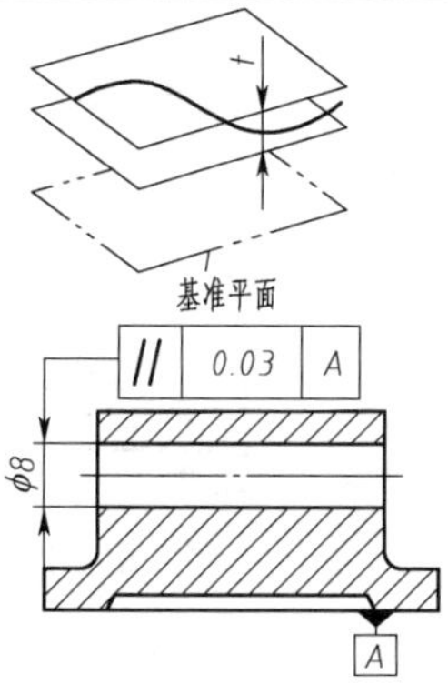 线对基准面： 公差带是间距为公差值 t，且平行于基准平面的两平行平面之间的区域	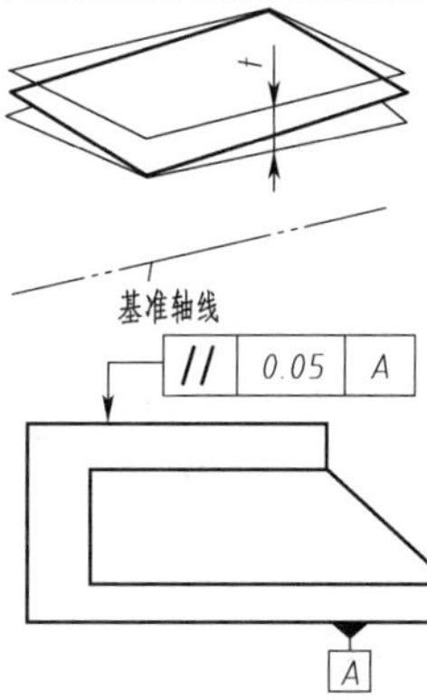 面对基准面： 公差值是间距为公差值 t，且平行于基准面的两平行平面之间的区域	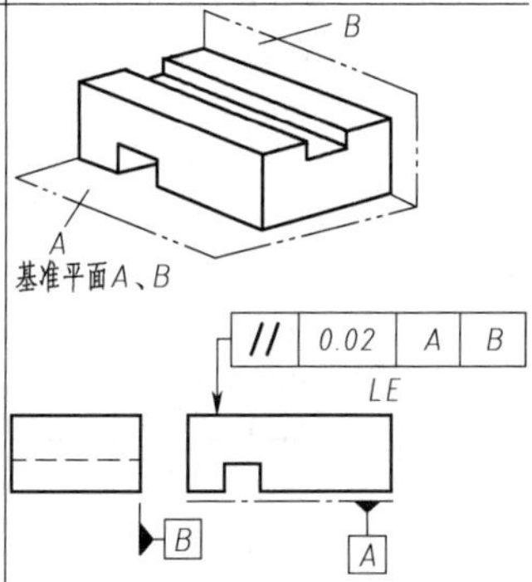 线对基准体系： 公差带为间距等于公差值 t 的两平行直线所限制的区域，该两平行直线平行于基准平面 A 且处于平行于基准平面 B 的面内

符　号	标注和解释	公差带定义	示例
	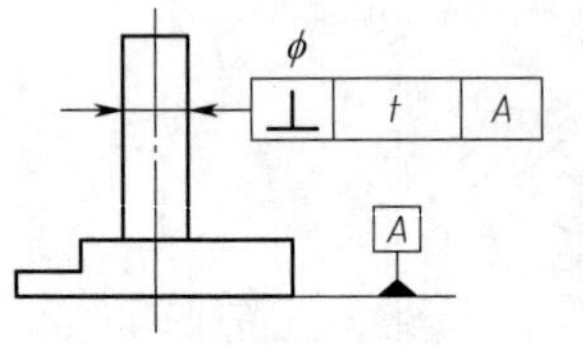 　被测要素：圆柱中心线的垂直度。　基准要素：平面 A。　读法：被测圆柱中心线必须位于间距为公差值 t、且垂直于基准平面 A 的两平行平面之间	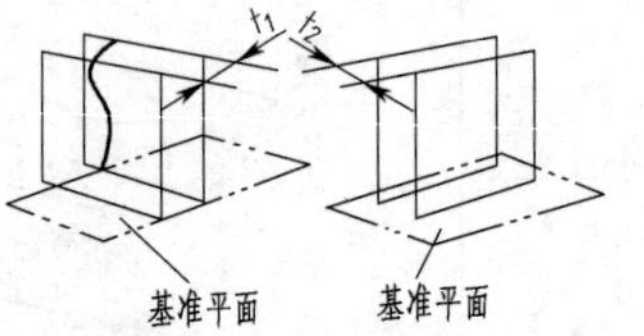 　在给定一个方向上，公差带是间距为公差值 t 且垂直于基准的两平行平面之间的区域	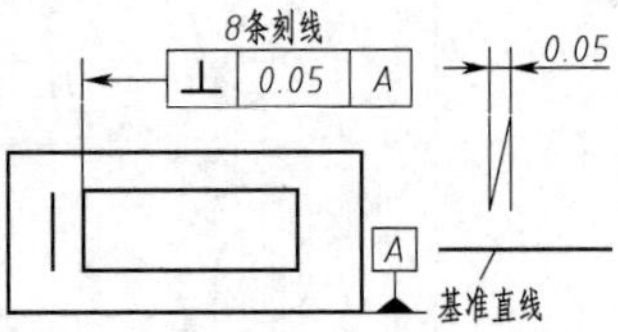 　在给定一个方向与给定任意方向时垂直度标准的区别
2. 垂直度 ⊥	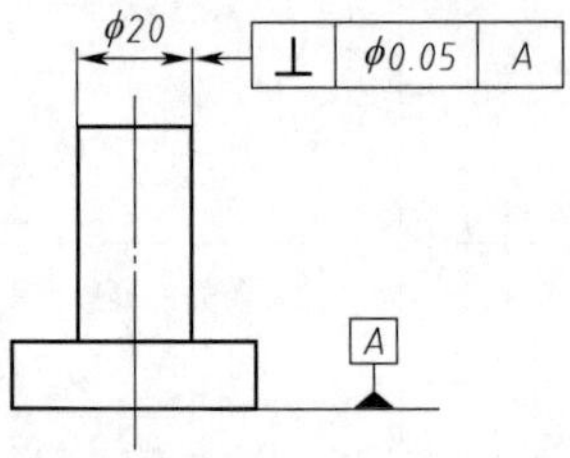 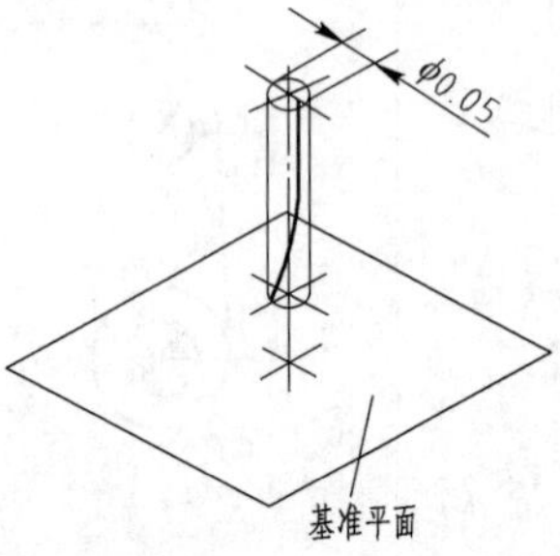 　被测圆柱 $\phi20$ mm 中心线应限定在直径等于 $\phi0.05$ mm 且垂直于基准 A 的平面内	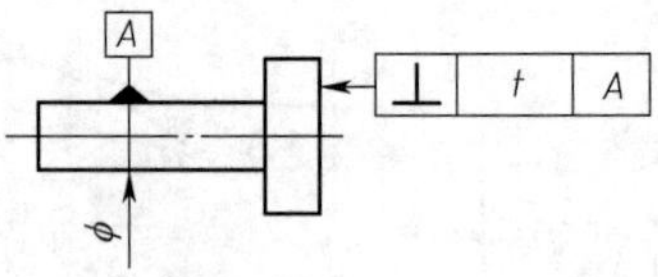 　被测表面应限定在间距等于 0.08 mm 的两平行平面之间，且两平行平面垂直于基准轴线 A	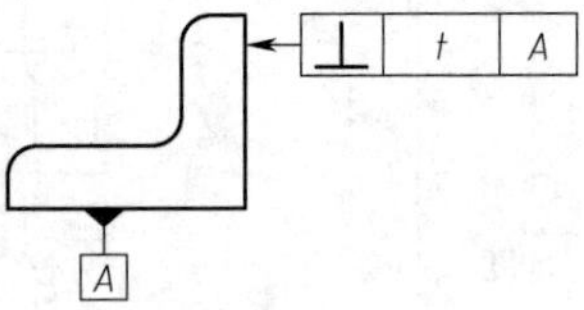 　被测表面应限定在间距等于 t 且垂直于基准平面 A 的两平行平面之间
3. 倾斜度 ∠	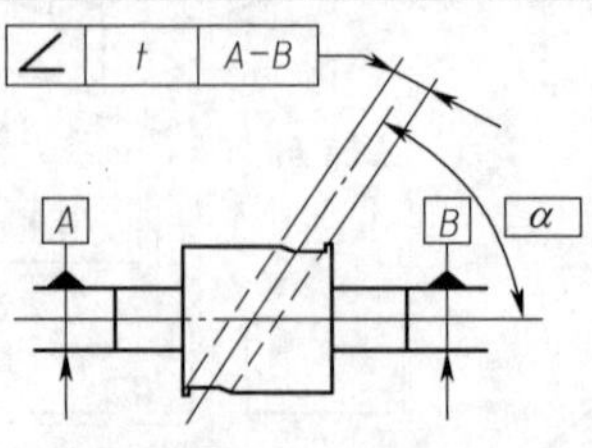 　被测要素：斜孔中心线。　基准要素：A-B 基准轴线。　读法：斜孔中心线应限定在间距等于 t 的两平行平面之间。该两平行平面按理论正确角度 α 倾斜于公共基准轴线 A-B	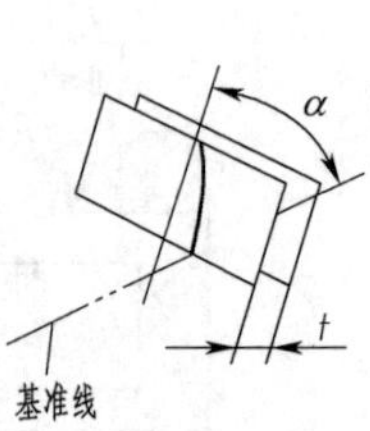 　公差带为间距等于公差值 t 的两平行平面所限定的区域，且平行平面按给定角度 α 倾斜于基准轴线	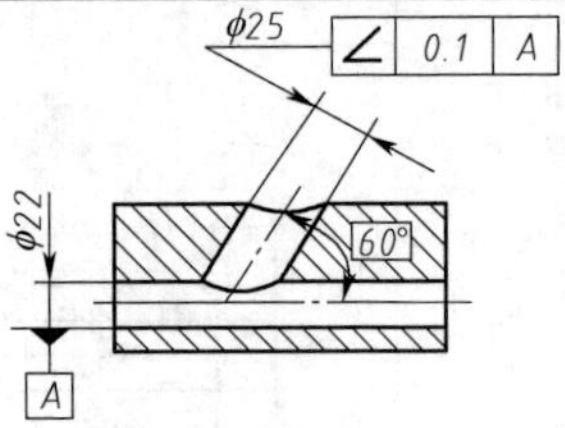 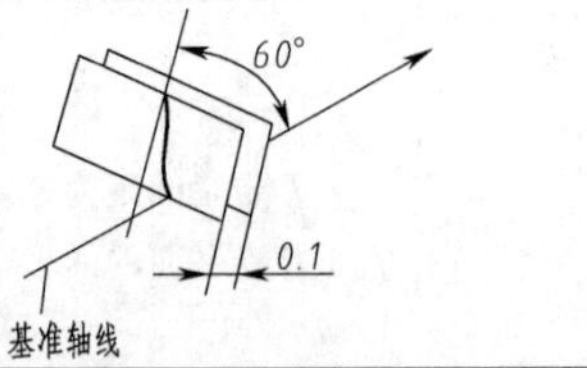

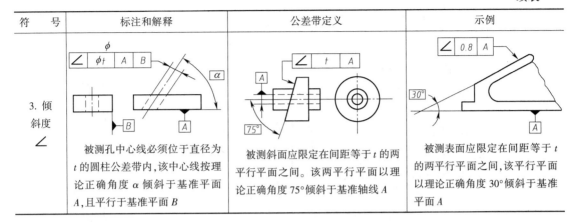

符　号	标注和解释	公差带定义	示例
3. 倾斜度 ∠	被测孔中心线必须位于直径为 t 的圆柱公差带内,该中心线按理论正确角度 α 倾斜于基准平面 A,且平行于基准平面 B	被测斜面应限定在间距等于 t 的两平行平面之间。该两平行平面以理论正确角度 75° 倾斜于基准轴线 A	被测表面应限定在间距等于 t 的两平行平面之间,该平行平面以理论正确角度 30° 倾斜于基准平面 A

3）位置公差

位置公差有同轴度（同心度）、对称度、位置度及线轮廓度和面轮廓度。

位置公差是关联被测要素对其有确定位置的理想要素允许的变动量。

位置公差带有如下特点:相对于基准有位置要求,方向要求包含在位置要求之中;能综合控制被测要素的定向、位置和形状误差。当对某一被测要素给出位置公差后,通常不再对该要素给出定向和形状公差。如果在功能上对方向和形状有更高的要求,可以同时给出定向或形状公差。

位置公差带的定义及标注示例见表 3-11。

表 3-11　位置公差带的定义及标注示例

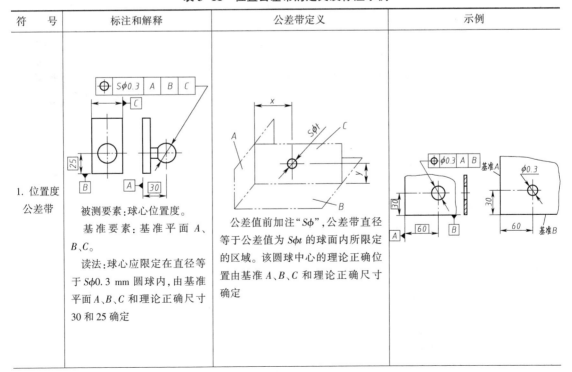

符　号	标注和解释	公差带定义	示例
1. 位置度公差带	被测要素:球心位置度。 基准要素:基准平面 A、B、C。 读法:球心应限定在直径等于 $S\phi 0.3$ mm 圆球内,由基准平面 A、B、C 和理论正确尺寸 30 和 25 确定	公差值前加注"$S\phi$",公差带直径等于公差值为 $S\phi t$ 的球面内所限定的区域。该圆球中心的理论正确位置由基准 A、B、C 和理论正确尺寸确定	

续表

符　号	标注和解释	公差带定义	示例
1. 位置度公差带	被测要素:成组要素位置度。 基准要素:基准平面 C、A、B。 读法:以平面 C、A、B 为基准,其成组要素的位置度公差在两互相垂直方向应各自不大于 t_1 和 t_2 的数值要求	各孔实际中心线应各自限定在直径 $\phi0.1$ mm 的圆柱面内。该圆柱面的轴线处于由基准平面 C、A、B 和理论正确尺寸确定的各孔轴线的理论正确位置上	
2. 同轴度或同心度 ◎	被测要素:$\phi1$ mm 圆柱的轴心线。 基准要素:ϕ 圆柱的轴心线。 读法:$\phi1$ mm 与 ϕ 圆柱的轴心线同轴度限定为 ϕt	公差带是公差值为 ϕt 的圆柱面所包围的区域,giant 圆柱面的轴线与基准轴线同轴	
3. 对称度公差 ≡	被测要素:开口槽中心平面。 基准要素:长度方向外轮廓中心平面 A。 读法:被测槽中心平面对长度方向外轮廓的对称度为 t 值	公差带是间距为公差值 t 且相对基准的中心平面对称配置的两平行平面之间的区域	

4)跳动公差

跳动分为圆跳动和全跳动。

(1)圆跳动公差是指提取(实际)要素在某种测量截面内相对于基准轴线的最大允许变动量。根据测量截面的不同,圆跳动分为:

径向圆跳动——测量截面为垂直于轴线的正截面。

轴向圆跳动——测量截面为与基准同轴的圆柱面。

斜向圆跳动——测量截面为素线与被测锥面的素线垂直或成一指定角度、轴线与基准轴线重合的圆锥面。

表 3-12 列出了跳动公差带的定义及标注示例。

表 3-12　跳动公差带的定义及标注示例

符号	标注和解释	公差带定义	示例
1. 圆跳动 ↗	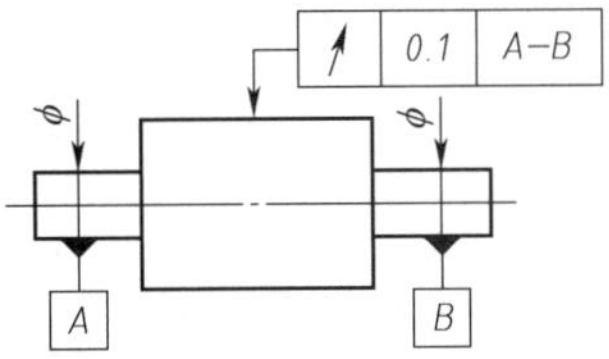 被测要素:圆柱面。 基准要素:公共轴线 A-B。 读法:被测圆柱面相对于基准轴线的圆跳动公差极限为 t	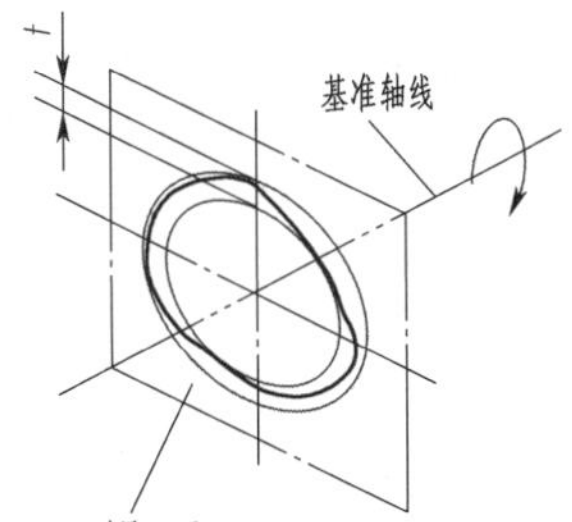 公差带为在任一垂直于基准轴线的横截面内、半径差等于公差值 t、圆心在基准轴线上的同心圆所限定的区域	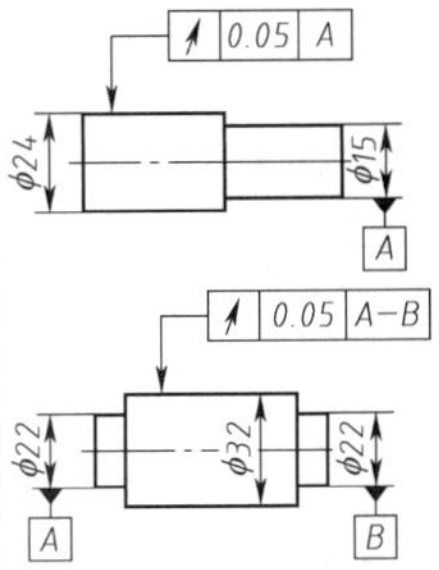 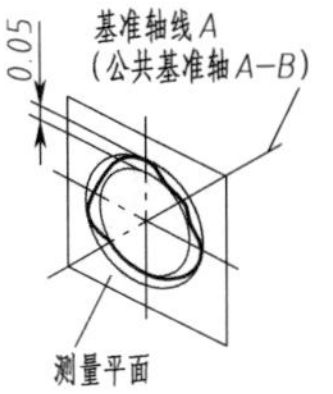
	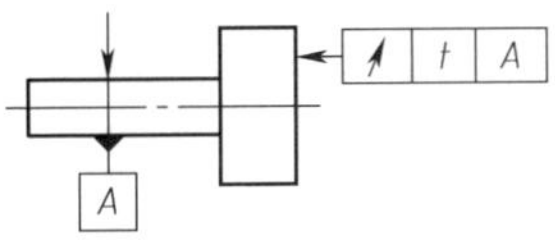 被测要素:大圆柱端面。 基准要素:小圆柱轴线 A。 读法:被测端面相对于基准轴线的圆跳动公差限定为 t	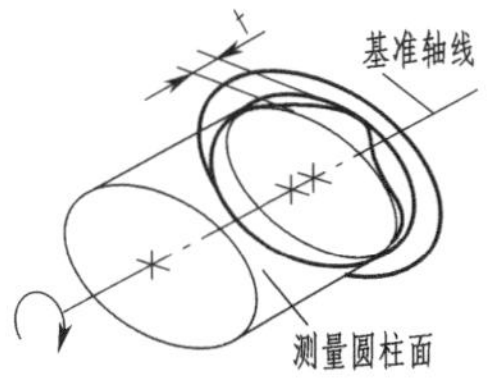 公差带为与基准轴线同轴的任一半径的圆柱截面上、间距等于公差值 t 的两圆所限定的圆柱面区域	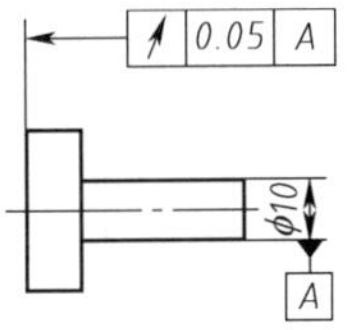 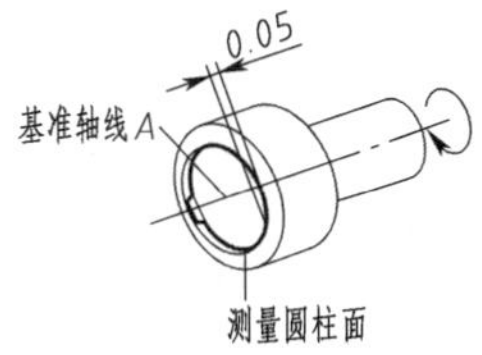

符号	标注和解释	公差带定义	示例
1. 圆跳动	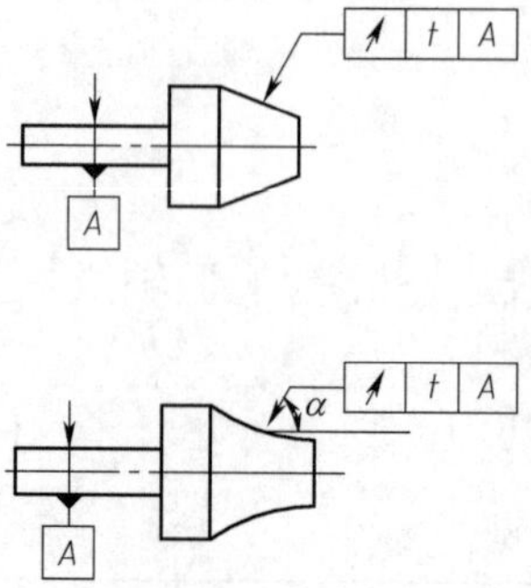 被测要素:直(曲)锥面。 基准要素:小圆轴线 A。 读法:被测斜(曲)面相对于基准 A 的圆跳动公差为 t	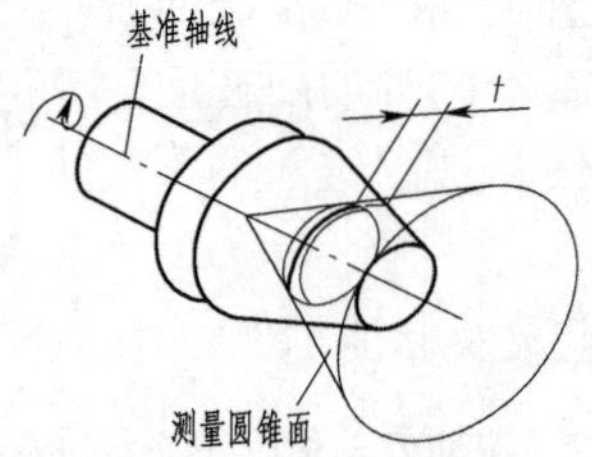 公差带是在与基准同轴的任一测量取圆锥面上、间距为 t 的两圆之间的区域	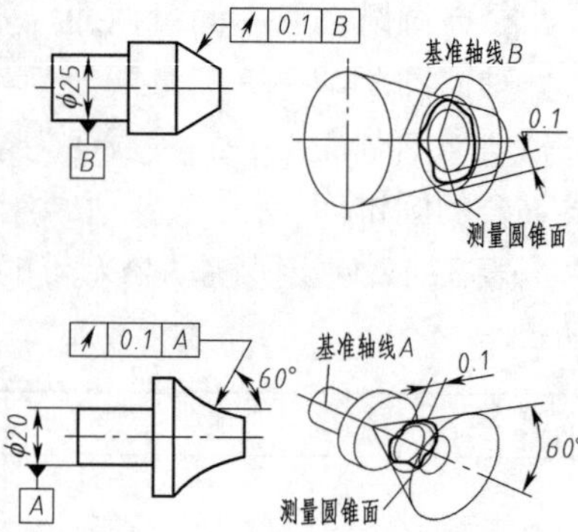
2. 全跳动	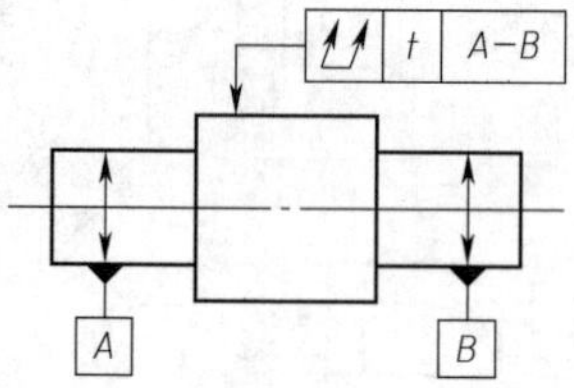 被测要素:大圆柱面。 基准要素:两端圆柱组合的公共轴线 A—B。 读法:被测圆柱面相对于公共基准轴线 A—B 的全跳动公差为 t	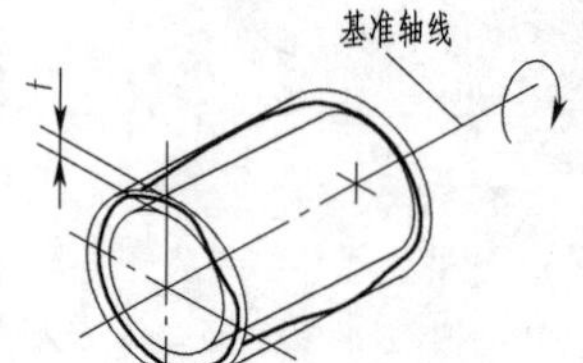 公差带为半径差等于公差值 t、与基准轴线同轴的两圆柱面所限定的区域	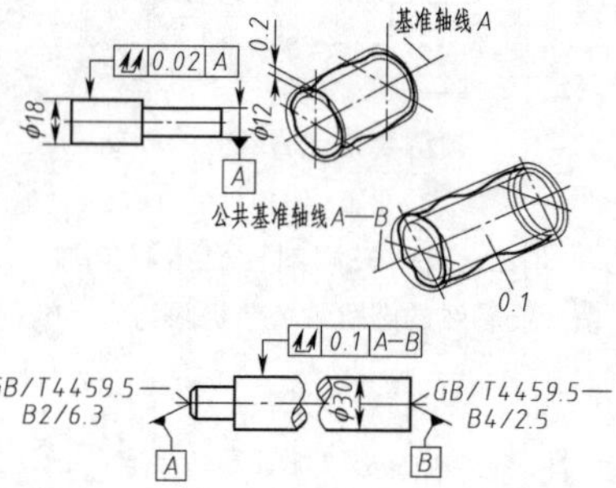
	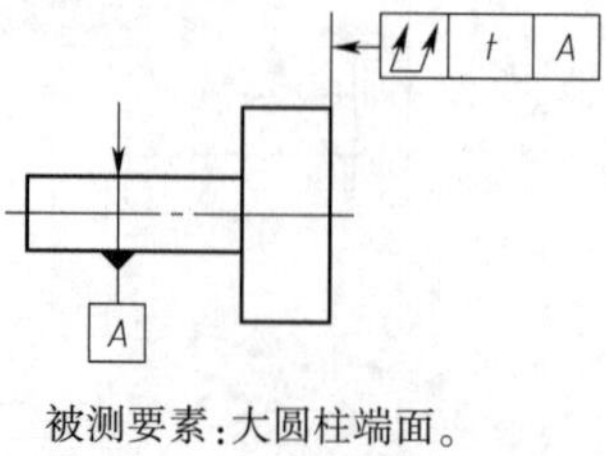 被测要素:大圆柱端面。 基准要素:小圆柱轴线 A。 读法:被测圆柱端面相对于基准轴线 A 的轴向全跳动公差限定为 t	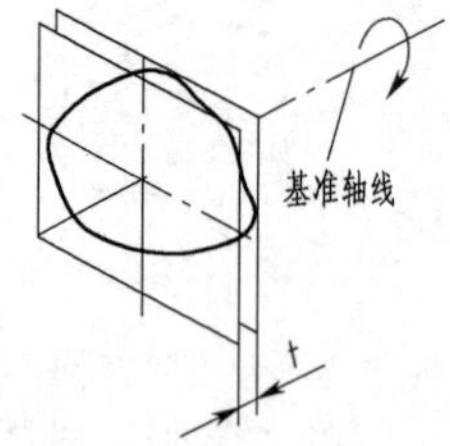 公差带为间距等于公差值 t、垂直于基准轴线的两平行平面所限定的区域	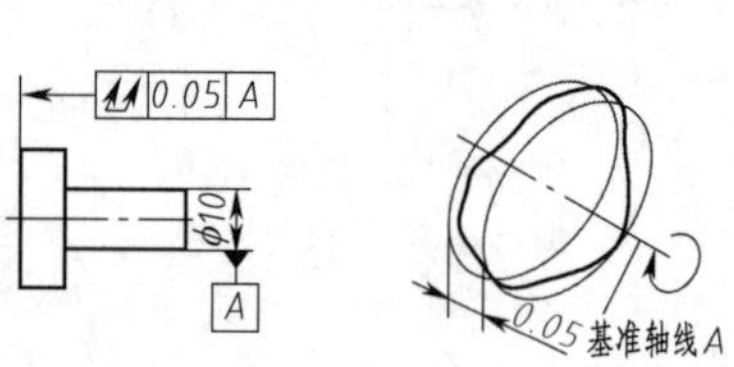

（2）全跳动公差是指整个提取（实际）表面相对于基准轴线的最大允许变动量。被测表面为圆柱面的全跳动称为径向全跳动，被测表面为平面的全跳动称为轴向全跳动。

除轴向全跳动外，跳动公差带有如下特点：跳动公差带相对于基准有确定的位置；跳动公差带可以综合控制被测要素的位置、方向和形状（轴向全跳动相对于基准仅有确定的方向）。

（3）跳动误差检测要点：

①圆跳动检测准确方便，可用于控制同轴度误差及圆度误差的影响，但不可用圆跳动代替端面与轴线的垂直度测量，以防降低精度要求。

②径向全跳动可控制工件的圆度、圆柱度及同轴度误差。

③轴向全跳动可综合控制工件的垂直度误差及端面的平面度误差。

3.2　公差原则

工件存在几何误差和尺寸误差，有些几何误差和尺寸误差密切相关，有些几何误差与尺寸误差又无关。那么如何处理好几何误差和尺寸误差之间的关系呢？

处理几何公差和尺寸（线性尺寸和角度尺寸）公差关系的原则称为公差原则。

公差原则包括独立原则和相关要求。其中，相关要求又包括包容要求和最大实体要求、最小实体要求及可逆要求。

3.2.1　与公差原则有关的术语及定义

（1）边界是设计给出的具有理想形状的极限包容面。边界的尺寸为极限包容面的直径或距离。

（2）理论正确尺寸即确定提取要素的理想形状、方向、位置的尺寸。该尺寸不带公差，如 $\boxed{100}$、$\boxed{30}$。

（3）动态公差带图用来表示提取要素或（和）基准要素尺寸变化而使几何公差值变化关系的图形。

（4）局部实际尺寸指被测要素的任意正截面上，两对应点测得的距离。内表面的局部实际尺寸用 D_a 表示，外表面的局部实际尺寸用 d_a 表示。

（5）作用尺寸表示在配合状态下的尺寸，如图 3-7 所示。

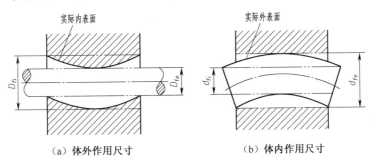

（a）体外作用尺寸　　　　　　　（b）体内作用尺寸

图 3-7　体外作用尺寸和体内作用尺寸

（6）实体状态与实体尺寸。

①最大实体状态与最大实体尺寸。最大实体状态（MMC）是指假定提取要素的局部尺寸处处位于极限尺寸且使其具有实体最大时的状态。最大实体尺寸（MMS）是指确定要素实体状态的尺寸，即内尺寸要素的下极限尺寸或外尺寸要素的上极限尺寸，分别用 D_M 和 d_M 表示。

②最小实体状态与最小实体尺寸。最小实体状态（LMC）是指假定提取要素的局部尺寸处处位于极限尺寸且使其具有实体最小时的状态。最小实体尺寸（LMS）是指确定要素最小实体状态的尺寸，即内尺寸要素的上极限尺寸或外尺寸要素的下极限尺寸，分别用 D_L 和 d_L 表示。

实体状态与极限实体尺寸的关系如图 3-8 所示。

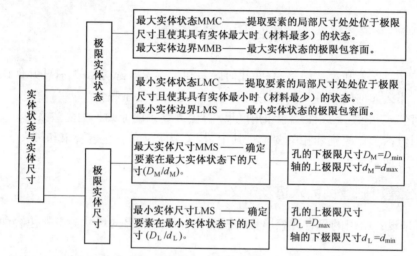

图 3-8　实体状态与极限实体尺寸的关系

实体实效状态与极限实体实效尺寸及边界的关系如图 3-9 所示

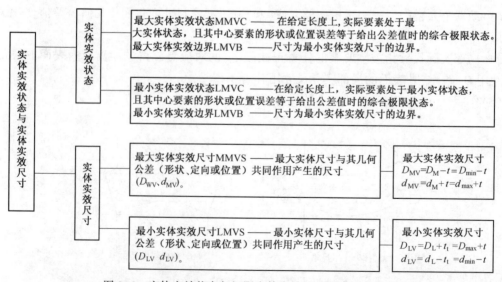

图 3-9　实体实效状态与极限实体实效尺寸及边界的关系

3.2.2　公差原则(要求)

公差原则按几何公差是否与尺寸公差发生关系分为独立原则和相关要求。

相关要求则按应用的要素和使用要求的不同,又分为包容要求、最大实体要求、最小实体要求和可逆要求。

1. 独立原则

独立原则是指图样上给定的每一个尺寸和几何(形状、方向或位置)应分别满足要求。如果对尺寸和几何(形状、方向或位置)要求之间的相互关系有特定要求,应在图样上规定。实际要素的尺寸由尺寸公差控制与几何公差无关;几何误差由几何公差控制,与尺寸公差无关。

(1)图样标注。采用独立原则时,图样上不做任何附加标记文字说明它们的联系,即无 E、M/L 和 R 符号,如图 3-10 所示。

(2)被测要素的合格条件。当被测要素应用独立原则时,被测要素的实际尺寸应在两个极限尺寸之间,被测要素的几何误差应小于或等于几何公差。

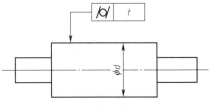

图 3-10　某型设备滚筒

①独立原则应用单一要素的合格条件如下:

a. 尺寸公差要求。对轴:$d_{max} \geqslant d_a \geqslant d_{min}$;对孔:$D_{max} \geqslant D_a \geqslant D_{min}$。

b. 几何公差要求。几何误差 $f_{几何} \leqslant$ 几何公差 $t_{几何}$。

②独立原则应用于形状公差的合格条件。被测要素的局部尺寸应在上极限尺寸与下极限尺寸之间,形状误差应在给定的相应形状公差之内,即尺寸公差和形状公差同时满足各自要求才合格。

③当独立原应用关联要素,即对被测要素给出位置公差要求时,合格条件的原则相同。

(3)被测要素的检测方法和计量器具。应用独立原则时,采用的检测方法根据工件形状(内、外表面)特征、精度高低及尺寸大小选择通用计量器具测量被测要素的实际尺寸和几何误差。

(4)应用场合。独立原则一般用于非配合的零件,或是对于零件的形状公差或位置公差要求较高的场合。

采用独立原则能经济合理地满足要求。如印刷机滚筒,为保证筒相对滚碾运动过程中紧密贴合,使印刷效果清晰,虽然其尺寸公差要求不高,但对滚筒的圆柱度公差要求较高;又如检验的测量平板,其精密平面磨床工作台的厚度及长度、宽度等次要尺寸公差要求均不高,但对平面度形状误差要求极高。

2. 相关要求

相关要求是与图样上给定的尺寸公差和几何公差有关的公差要求,含包容要求、最大实体要求(MMR)和最小实体要求(LMR),还包括附加于最大及最小实体要求的可逆要求(RPR)。

(1)包容要求。包容要求表示提取组成要素不得超越其最大实体边界(MMB),其局部尺寸不得超出最小实体尺寸(LMS)的一种公差原则。即被测实际轮廓要素应遵守最大实体边界,作用尺寸不超出最大实体尺寸。它仅适用于单一要素,如圆柱面或两平行对应表面。

当被测要素的实际状态偏离了最大实体实效状时,可将被测要素的尺寸公差的一部分或全部补偿给形状或位置公差。

①图样标注。采用包容要求的单一要素,应标注在其被测要素的尺寸极限偏差或公差带代号之后,加注符号Ⓔ,如图 3-11 所示。

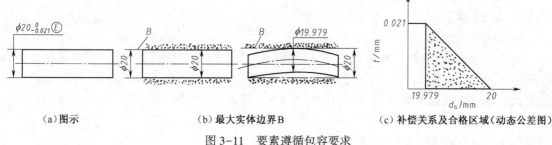

(a)图示   (b)最大实体边界B   (c)补偿关系及合格区域(动态公差图)

图 3-11   要素遵循包容要求

②被测实际轮廓遵守的理想边界。包容要求遵守的理想边界是最大实体边界。最大实体边界是由最大实体尺寸(MMS)构成的具有理想形状的边界。例如,被测面是轴或孔(圆柱面)时,则其最大实体边界是直径为最大实体尺寸、形状是理想的内或外圆柱面。

③被测要素的合格条件。被测实际轮廓应处处不得超越最大实体边界,其局部实际尺寸不得超出最小实体尺寸。

④工件被测要素遵守包容要求的方法及检测器具。由包容要求的合格条件可知,应根据工件尺寸大小和精度等级选用塞规和卡(环)规类无刻度的定值量具,满足对其最大实体边界及其局部实际尺寸为最小实体尺寸的要求。

对孔类零件:用塞规的通端"T"检验被测孔的 D_{min} 实际轮廓应通过;再用塞规的止端"Z"检验被测孔的 D_{max} 应不通过,为合格。

对轴类零件:用卡(环)规的通规规"T"检验被测轴的 d_{max} 实际轮廓应通过;再用卡(环)规的止规"Z"检验被测轴的 d_{min} 应不通过,为合格。

当被测要素处于最大实体状态($d_{max} = \phi 20.000$ mm)时,其形状公差值应为零;当被测要素的实体状态偏离了最大实体状态($d_{max} < 20.000$ mm)时,尺寸偏离量可以补偿给形状公差,如图 3-13(c)所示。此图为反映其补偿关系的动态公差图,表达不同轴径实际尺寸所允许的几何误差值。实际尺寸对应允许的几何误差值见表 3-13。

表 3-13   实际尺寸对应允许的几何误差值

被测要素实际尺寸/mm	允许的直线度误差值/mm
$\phi 20$	$\phi 0$
$\phi 19.99$	$\phi 0.01$
$\phi 19.98$	$\phi 0.02$
$\phi 19.97$	$\phi 0.03$

当遵守包容要求而对形状公差需要进一步要求时,需另用公差框格注出形状公差。当然,形状公差值一定小于尺寸公差值,表明尺寸公差与形状公差彼此相关,如图 3-12 所示。

⑤包容要求的应用特点:主要是为了保证配合性质,且特别是配合公差较小的单一要素,多用在圆柱面或两对应平行表面的紧密配合中,如滑动轴承以及滑块和滑块槽的配合等。

如孔 $\phi20H7(^{+0.021}_{0})$ⓔ 与轴 $\phi20h6(^{0}_{-0.013})$ⓔ 的间隙配合中,所需要的间隙是通过孔和轴各自遵守最大实体边界原则来保证的,这样才不会因孔和轴的形状误差在装配时产生过盈。

(2)最大实体要求。最大实体要求是尺寸要素的非理想要素不得超越其最大实体实效边界(MMVB)的一种尺寸要素要求。即当实际尺寸偏离最大实体尺寸时,几何误差值可超出在最大实体状态下给出的几何公差值,即此时的几何公差值可以增大。被测要素的几何公差值是在该要素处于最大实体状态时给出的。

①图样标注。最大实体要求既可用于被测要素(包括单一要素和关联要素),又可用于基准中心要素。当应用于被测要素时,应在几何公差框格中的几何公差值后面加注符号ⓜ,如图 3-13 所示。

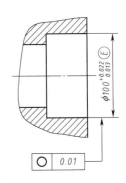

图 3-12 遵守包容要求且对形状公差有进一步要求

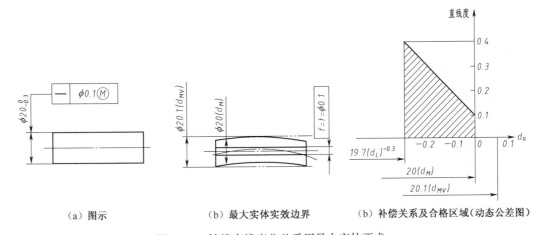

（a）图示　　　（b）最大实体实效边界　　　（b）补偿关系及合格区域(动态公差图)

图 3-13 轴线直线度公差采用最大实体要求

②被测实际轮廓遵守的理想边界。最大实体要求遵守的理想边界是最大实体实效边界。此最大实体实效边界的尺寸为最大实体实效尺寸形状为理想状态下的边界。

被测要素的最大实体实效尺寸 MMVS=最大实体尺寸(MMS)±公差值(t)

t——在最大实体状态下给定的公差值。

±——轴"+",孔"-"。

③被测要素的合格条件。被测要素的实际轮廓在给定的长度上处处不得超出最大实体实效边界,即体外作用尺寸不应超出最大实体实效尺寸和最小实体尺寸。

最大实体要求用于被测要素时,实际尺寸应为:

对于轴,$d_M(d_{max}) \geqslant d_a \geqslant d_L(d_{min})$;

对于孔:$D_M(D_{min}) \leqslant D_a \leqslant D_L(D_{max})$。

如图 3-13 所示被测要素,其合格条件如下:

a. 实际尺寸在 $\phi19.7 \sim \phi20$ mm 范围内。

b. 实际轮廓不超出最大实体实效边界,$d_{MV}-d_M+t=\phi(20+0.1)$ mm$=\phi20.1$ mm。

c. 最小实体状态时,轴线直线度误差达到最大值,为给定的 $t=\phi0.1$ mm。

最大实体要求一般同时应用于被测要素和基准要素。

④被测要素的检测方法和计量器具。局部实际尺寸应用两点法测量,如游标卡尺和千分尺等;实体的实效边界应用位置量规检验。

⑤最大实体要求的应用特点。最大实体要求通常用于对机械零件配合性质要求不高,但要求可装配性高的场合。如法兰盘的连接孔或车轮钢圈孔组的穿孔直径。

需要强调的是:最大实体要求适用于中心要素、不能应用于轮廓要素。因为中心要素如轴线相对于其理论正确位置允许有浮动(偏移、倾斜或弯曲),而对于被测要素是轮廓要素的则只有形状和位置要求,无尺寸要求,也就无偏离量,所以不存在补偿问题,因此最大实体要求不能应用于轮廓要素。

⑥当被检测要素和基准要素为阶梯孔时,在大批量生产时的检验方法如下:

a. 用同轴度(综合)量规通过被检工件的阶梯孔时,表示被测要素及基准要素均未超越其最大实体边界且同轴度误差合格。

b. 用光滑极限量规塞规的通端及止端检验基准孔是否超过基准要素的最大实体尺寸($D_{\text{mim}} = \phi 20 \text{ mm}$)的理想圆柱面,通端应通过,孔实际尺寸($D_a \leqslant \phi 20.033 \text{ mm}$)不得大于上极限尺寸;止端应不通过。

c. 用塞规的通端、止端检测被测孔 $\phi 40 \text{mm}$ 是否满足最大实体实效边界(MMVB)时,关联体外作用尺寸不小于关联最大实体实效尺寸($D_{\text{MV}} = 40 \text{ mm} - 0.1 \text{ mm} = \phi 39.9 \text{mm}$)时"通"规应通过。

被测阶梯孔满足上述三项条件时,被检项目合格。

(3)最小实体要求。最小实体要求是尺寸要素的非理想要素不得超越其最小实体实效边界(LMVB)的一种尺寸要素要求。即其实际尺寸偏离最小实体尺寸时,几何误差值可超出在最小实体状态下给出的几何公差值,即此时几何公差值可以增大。

被测要素的几何公差值是在该要素处于最小实体状态时给出的。

①图样标注。在被测要素的几何公差框格中的公差数值后加注符号(L),如图 3-14 所示。当应用于基准要素时,应在几何公差框格内的基准字母代号后标注符号(L)。

②被测实际轮廓遵守的理想边界。最小实体要求遵守的理想边界是最小实体实效边界。最小实体实效边界的尺寸是最小实体实效尺寸,形状为理想的边界。

最小实体实效尺寸为: $\qquad \text{LMVS} = \text{LMS} \pm t$

式中　LMS——最小实体尺寸;

$\qquad t$——在最小实体状态下给定的公差值,轴为"-",孔为"+"。

③被测要素的几何公差值是在该要素处于最小实体状态时给出的。当被测要素的实际轮廓偏离其最小实体状态,即其实际尺寸偏离最小实体尺寸时,几何误差值可超出在最小实体状态下给出的几何公差值,即此时的几何公差值可以增大。

④被测要素的合格条件。被测实际轮廓应处处不超出最小实体实效边界,其局部实际尺寸不得超出最大、最小极限尺寸,即最小实体要求用于被测要素时:

对于轴,$d(d_{\min}) \leqslant d_a \leqslant d(d_{\max})$;

对于孔,$D_{\text{L}}(D_{\max}) \geqslant D_a = D_{\text{M}}(D_{\min})$。

如图 3-14 所示,最小实体要求既应用于被测孔轴线同轴度,同时也应用于基准要素。

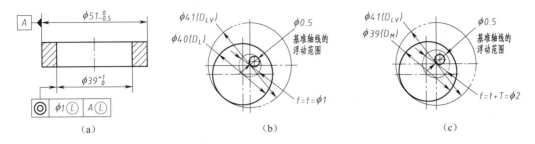

图 3-14　最小实体要求应用于同轴度公差和基准要素

⑤当被测要素处于最小实体状态 $\phi40$ mm 时,其轴线对基准 A 的同轴度公差为 $\phi1$ mm,如图 3-14(b)所示,该孔应满足下列要求。

a. 孔实际尺寸应在 $\phi39\sim\phi40$ mm 之内。

b. 孔的关联体内作用尺寸不大于关联最小实体实效尺寸, $D_{Ly}=D_L+t=\phi(40+1)$ mm = $\phi41$ mm。

c. 孔处于最大实体状态时,其轴线对 A 基准的同轴度误差允许达到最大值,即等于图样给出的同轴度公差($\phi1$ mm)与孔的尺寸公差($\phi1$ mm)之和 $\phi2$ mm,如图 3-14(c)所示。

当基准要素的实际轮廓偏离其最小实体边界,即允许基准要素浮动,其最大浮动范围是直径等于基准要素的尺寸公差 0.5 mm 的圆柱形区域,如图 3-14(b)(孔被测要素处于最小实体状态)及图 3-14(c)(被测要素处于最大实体状态)所示。

⑥被测要素的检测方法和计量器具。对一般精度与尺寸大小的工件,均可根据实际情况用常规检测方法和一般计量器具进行测量。

⑦最小实体要求的应用特点。最小实体要求常用于保证机械零件必要的强度和最小壁厚的场合,如小型发动机安装孔组的位置度公差或带孔的薄壁垫圈同轴度公差。

*最小实体要求仅应用于中心要素,不能应用于轮廓要素。

(4)可逆要求。可逆要求的含义是当中心要素的几何误差值小于给出的几何公差值时,允许在满足零件功能要求的前提下,扩大该中心要素的轮廓要素的尺寸公差。

因此,不存在单独使用可逆要求的情况。当它叠用于最大(或最小)实体要求时,保留了使用最大(或最小)实体要求时由于实际尺寸对最大(或最小)实体尺寸的偏离而对几何公差的补偿,且增加了由于几何误差值小于几何公差值而对尺寸公差的补偿(俗称反补偿),允许实际尺寸有条件地超出最大(或最小)实体尺寸(以实效尺寸为限)。也就是说,被测要素的实际尺寸可在最小实体尺寸和最大实体实效尺寸之间变动,但要保证其体外作用尺寸不超出最大实体实效尺寸。

①图样标注。在被测要素的几何公差框格中的公差数值后加注Ⓜ或Ⓛ和Ⓡ符号,如图 3-15 所示。

②被测实际轮廓遵守的理想边界。

a. 当被测要素同时应用最大实体要求和可逆要求时,被测要素应遵守的边界仍是最大实体实效边界,与被测要素只应用最大实体要求时所遵守的边界相同。

b. 当被测要素同时用最小实体求和可逆要求时,被测要素遵守的理想边界是最小实体实效边界,与被测要素只应用最小实体要求时所遵守的边界相同。

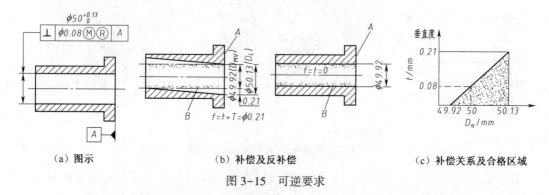

| （a）图示 | （b）补偿及反补偿 | （c）补偿关系及合格区域 |

图 3-15　可逆要求

c. 最大(小)实体要求应用于被测要素时,其尺寸公差与几何公差的关系反映了当被测要素的实体状态偏离了最大(小)实体状态时,可将尺寸公差的一部分或全部补偿给几何公差的关系。

d. 可逆要求与最大(小)实体要求同时应用时,不仅具有上述的尺寸公差补偿给几何公差的关系,还具有当被测轴线或中心面的几何误差值小于给出的几何公差值时,允许相应的尺寸公差增大的关系。

③如图 3-15(c)所示,根据可逆要求,当轴线相对于基准 A 的垂直度误差小于 0.08 mm时,垂直度公差值与垂直度误差值之差,补偿给被测要素的最大实体尺寸。例如,当垂直度误差值为 $\phi0.05$ mm 时,补偿值为 0.03 mm。此时,孔的实体尺寸(即孔的上极限尺寸)变为49.97 mm。

可逆要求还可以用于位置度、同轴度或同心度,其意义均相同。

3.2.3　几何公差项目及公差值的选择

1. 几何公差项目的选择原则

应根据零件的结构特性、功能要求、加工设备(机床)和检测量仪条件、有关标准以及经济性能等多种因素,进行综合分析,或经总装及试生产后再确定。

2. 几何公差值的选择原则

在保证零件功能的前提下,尽可能选用最经济的公差值。

3. 几何公差基准的选择原则

选择几何公差项目的基准时,主要根据零件的功能和设计要求,并兼顾基准统一原则和零件结构特征等几方面来考虑。即图样上的设计基准、加工过程中的工艺基准与质量检测基准、装配基准应达到统一,从而减少基准与定位误差的产生。

4. 公差原则的选择

根据被测要素的功能要求及采用该种公差原则所能达到的目标可行性与经济性来选择公差原则。

(1)独立原则。独立原则是处理尺寸公差与几何公差关系的基本原则,主要应用在以下场合。

①尺寸精度和几何精度要求均高,且需要分别满足其要求。如齿轮箱体上的孔径精度与

孔、轴中心线的平行度要求;活塞孔与活塞的尺寸精度与圆柱度要求。

②尺寸精度与几何精度要求之间相差较大。如印刷机的滚筒尺寸精度要求低,而圆柱度公差要求高;机床工作台及平板的外廓尺寸精度要求低,但平面度公差要求很高,应分别满足要求。

③零件图样上的未注几何公差按国家标准上 GB/T 1184—1996 一律遵循独立原则,如退刀槽和倒角。

(2)包容要求主要用于需保证配合性质,特别是要求孔、轴精密配合的场合,用最大实体边界控制零件的尺寸和几何误差的综合结果,以保证用于单一要素的最小间隙或最大过盈,如圆柱或两平行表面的配合。

(3)最大实体要求主要用于保证单一要素及关联要素可装配性的场合。最大实体要求适用于中心要素,不能应用于轮廓要素,通常用于对机械零件配合性质要求不高,但要求顺利装配,即保证零件可装配性的场合。如法兰盘或箱体端盖用于穿螺栓(钉)的孔组的位置度公差。

(4)最小实体要求主要用于需要保证零件的强度和最小壁厚等的场合。如箱体吊耳对其位置度公差的要求和滑动轴承的内、外轴心线的同轴度公差要求。

(5)可逆要求与最大(或最小)实体要求联用,能充分利用公差带,从而扩大被测要素实际尺寸的范围,使实际尺寸超过了最大(或最小)实体尺寸。

5. 几何公差值的选择

(1)国家标准将圆度和圆柱度公差划分为 13 个等级,数值见表 3-14;对直线度、平面度、平行度、垂直度、倾斜度、同轴度、对称度、圆跳动和全跳动公差,都划分为 12 个等级,数值见表 3-15、表 3-16 和表 3-17;对位置度公差没有划分等级,只提供了位置度系数,见表 3-18;没有对线轮廓度和面轮廓度规定公差。

表 3-14　圆度、圆柱度公差(摘自 GB/T 1184—1996)

主参数 $d(D)$/mm	公　差　等　级												
	0	1	2	3	4	5	6	7	8	9	10	11	12
	公　差　值　/μm												
>6~10	0.12	0.25	0.4	0.6	1	1.5	2.5	4	6	9	15	22	36
>10~18	0.15	0.25	0.5	0.8	1.2	2	3	5	8	11	18	27	43
>18~30	0.2	0.3	0.6	1	1.5	2.5	4	6	9	13	21	33	52
>30~50	0.25	0.4	0.6	1	1.5	2.5	4	7	11	16	25	39	62
>50~80	0.3	0.5	0.8	1.2	2	3	5	8	13	19	30	46	74
>80~120	0.4	0.6	1	1.5	2.5	4	6	10	15	22	35	54	87
>120~180	0.6	1	1.2	2	3.5	5	8	12	18	25	40	63	100
>180~250	0.8	1.2	2	3	4.5	7	10	14	20	29	46	72	115

注:$d(D)$ 为被测要素的直径。

表 3-15　直线度、平面度公差(摘自 GB/T 1184—1996)

主参数 L/mm	公差等级											
	1	2	3	4	5	6	7	8	9	10	11	12
	公差值 /μm											
≤10	0.2	0.4	0.8	1.2	2	3	5	8	12	20	30	60
>10~6	0.25	0.5	1	1.5	2.5	4	6	10	15	25	40	80
>16~25	0.3	0.6	1.2	2	3	5	8	12	20	30	50	100
>25~40	0.4	0.8	1.5	2.5	4	6	10	15	25	40	60	120
>40~63	0.5	1	2	3	5	8	12	20	30	50	80	150
>63~100	0.6	1.2	2.5	4	6	10	15	25	40	60	100	200
>100~160	0.8	1.5	3	5	8	12	20	30	50	80	120	250
>160~250	1	2	4	6	10	15	25	40	60	100	150	300

注:L 为被测要素的长度。

表 3-16　平行度、垂直度、倾斜度公差(摘自 GB/T1184-1996)

主参数 d(D)、L/mm	公差等级											
	1	2	3	4	5	6	7	8	9	10	11	12
	公差值 /μm											
≤10	0.4	0.8	1.5	3	5	8	12	20	30	50	80	120
>10~6	0.5	1	2	4	6	10	15	25	40	60	100	150
>16~25	0.6	1.2	2.5	5	8	12	20	30	50	80	120	200
>25~40	0.8	1.5	3	6	10	15	25	40	60	100	150	250
>40~63	1	2	4	8	12	20	30	50	80	120	200	300
>63~100	1.2	2.5	5	10	15	25	40	60	100	150	250	400
>100~160	1.5	3	6	12	20	30	50	80	120	200	300	500
>160~250	2	4	9	15	25	40	60	100	150	250	400	600

注:L 为被测要素的长度。

表 3-17　同轴度、对称度、圆跳动、全跳动公差(摘自 GB/T 1184—1996)

主参数 d(D)、B/mm	公差等级											
	1	2	3	4	5	6	7	8	9	10	11	12
	公差值 /μm											
>10~6	0.6	1	1.5	2.5	4	6	10	15	30	60	100	200
>10~18	0.8	1.2	2	3	5	8	12	20	40	80	120	250
>18~30	1	1.5	2	4	6	10	15	25	50	100	150	300
>30~50	1.2	2	3	5	8	12	20	30	60	120	200	400
>50~120	1.5	2.5	4	6	10	15	25	40	80	150	250	500
>120~250	2	3	5	8	12	20	30	50	100	200	300	600

注:d(D)、B 为被测要素的直径、宽度。

表 3-18 位置度系数(摘自 GB/T 1184—1996)　　　　　　　　(单位:μm)

1	1.2	1.5	2	2.5	3	4	5	6	8
$1×10^n$	$1.2×10^n$	$1.5×10^n$	$2×10^n$	$2.5×10^n$	$3×10^n$	$4×10^n$	$5×10^n$	$6×10^n$	$8×10^n$

注:n 为正整数。

(2)为获得简化制图以及实践工作常识,对用一般机床加工的零件,能够保证的几何精度及要素的几何公差值大于未注公差值时,要采用未注公差值,不必将几何公差在图样上一一注出。实际要素的误差,由未注几何公差控制。

国家标准 GB/T 1184—1996 对直线度与平面度、垂直度、对称度、圆跳动公差分别规定了未注公差值,见表 3-19~表 3-22,均均分为 H、K、L 三种公差等级。

表 3-19 直线度、平面度未注公差值　　　　　　　　(单位:mm)

公差等级	基本长度范围					
	≤10	>10~30	>30~100	>100~300	>300~1 000	>1 000~3 000
H	0.02	0.05	0.1	0.2	0.3	0.4
K	0.05	0.1	0.2	0.4	0.6	0.8
L	0.1	0.2	0.4	0.8	1.2	1.6

表 3-20 垂直度未注公差值　　　　　　　　(单位:mm)

公差等级	基本长度范围			
	≤100	>100~300	>300~1 000	>1 000~3 000
H	0.2	0.3	0.4	0.5
K	0.4	0.6	0.8	1
L	0.6	1	1.5	2

表 3-21 对称度未注公差值　　　　　　　　(单位:mm)

公差等级	基本长度范围			
	≤100	>100~300	>300~1 000	>1 000~3 000
H	0.5			
K	0.6		0.8	1
L	0.6	1	1.5	2

表 3-22 圆跳动未注公差值　　　　　　　　(单位:mm)

公差等级	公差值
H	0.1
K	0.2
L	0.5

若采用国家标准规定的未注公差值,如果采用 K 级,应在标题附近或在技术要求、技术文件(如企业标准)中出标准号及公差等级代号,如加 GB/T 1184-L。

【任务实施】

1. 零件图中几何公差识读

(1) | ⟋ | 0.02 | A-B |：ϕ45m6 轴的圆跳动相对于 ϕ55j6 的公共轴线的径向圆跳动公差为 0.02 mm。

(2) | /○/ | 0.005 |：ϕ55j6 外圆圆柱度公差为 0.005 mm。

(3) | = | 0.02 | A |：键槽 12N9 的中心平面相对于基准 ϕ45m6 的轴线的对称度公差为 0.02 mm。

2. 零件验收

零件名称			
检测项目	图纸要求	检测结果	合格与否

同 步 练 习

1. 填空题

(1) 未注公差等级代号为_____、_____、_____ 3 种,GB/T 1184-K 的含义是_____。

(2) 公差原则是指_____。

(3) 独立原则的含义是什么？如何标注的？

(4) 包容要求的标注是在尺寸公差后代号后加注符号_____;最大实体要求是在公差框格中的公差值或(和)基准符号后加注符号_____。

2. 判断题

(1) 当包容要求运用于关联要素时,被测要素必须遵守最大实体边界。 （　　）

(2) 跳动公差不可以综合控制被测要素的位置、方向和形状。 （　　）

(3) 对同一要素既有位置公差要求,又有形状公差要求时,形状公差值应大于位置公差值。 （　　）

(4) 形状公差带的形状决定于被测要素的理想形状。 （　　）

(5) 径向跳动公差带的形状与圆度公差带的形状相同。 （　　）

3. 综合题

(1)试写出以下图样上的 $\phi25$ 轴的尺寸公差、几何公差的含义。

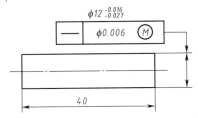

要求：

①轴径合格允许的最大实体实效尺寸应为_____ mm；

②轴线的直线度公差 $\phi0.006$ mm 是轴在_____状态时给定的；

③轴径合格允许各处局部的直径应大于_____ mm，且应小于_____ mm；

④若轴径处于最大实体状态与最小实体状态之间，其轴的直线度公差应在_____ mm 之间变化。

(2)将下列几何(形位)公差要求分别标注在零件图上。

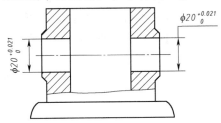

①底面的平面度公差为 0.012 mm。

②$\phi20^{+0.021}_{0}B$、C 两孔的轴线分别对它们的公共轴线的同轴度公差为 0.012 mm。

③$\phi20^{+0.021}_{0}B$、C 两孔的公共轴线对底面的平行度公差为 0.01 mm。

任务 4　表面粗糙度的识读与检测

【学习目标】

(1)掌握表面粗糙度的基本术语及评定参数;

(2)能正确选择表面粗糙度;

(3)掌握表面粗糙度的标注方法;

(4)理解并掌握表面粗糙度的检测方法。

【任务描述】

减速器上的传动轴零件图如图 4-1 所示。图中表面粗糙度 $Ra0.8$、$Ra1.6$、$Ra3.2$、$Ra6.3$ 代表什么含义? 用什么工具检测该零件,并判断该零件以上尺寸是否合格。

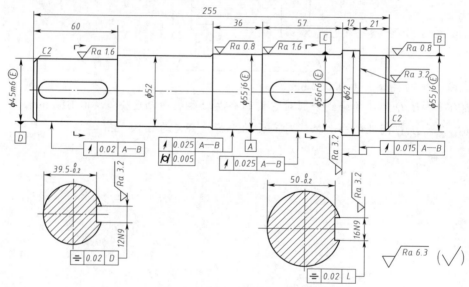

图 4-1　减速器传动轴零件图

【知识链接】

4.1　表面粗糙度的概念

表面粗糙度是指加工表面上具有的由较小间距和峰谷所组成的微观几何形状特性。表面粗糙度反映的是零件被加工表面上的微观几何形状误差。

表面粗糙度通常按波形起伏间距 λ 和幅度 h 的比值进行划分,比值小于 40 的为表面粗糙度,比值范围在 40~1 000 时为表面波度,比值大于 1 000 的按形状误差考虑。

4.2 表面粗糙度对零件使用性能的影响

表面粗糙度对零件使用性能的主要影响有:

(1)对配合性质的影响。对于间隙配合,粗糙表面很快就会被磨损致使间隙过大;对于过盈配合,粗糙表面轮廓的峰顶在装配时被挤平,实际有效过盈量减小,影响连接强度。

(2)对摩擦和磨损的影响。零件表面越粗糙,摩擦因数越大,磨损速度越快。

(3)对疲劳强度的影响。表面越粗糙,表面微观不平度的凹谷一般就越深,应力集中越严重,零件在交变应力作用下,疲劳损坏的可能性就越大,疲劳强度就越低。

(4)对耐腐蚀性能的影响。粗糙的表面上的凹槽容易附着腐蚀性物质,且渗入到金属内层,造成表面锈蚀。

(5)对零件密封性的影响。粗糙表面结合时,两表面只在局部点上接触,无法严密贴合,流体容易通过接触面间的微小缝隙渗出。

因此,零件图中根据不同的使用要求,均提出不同的表面粗糙度要求。

4.3 表面粗糙度基本术语及其定义

(1)实际轮廓:指平面与实际表面相交所得的轮廓线,如图 4-2 所示。

(2)取样长度(lr):指用于判别具有表面粗糙度特征的一段基准线长度。在取样长度范围内,一般不少于 5 个以上的轮廓峰和轮廓谷,如图 4-3 所示。表面越粗糙,取样长度应越长。

(3)评定长度(ln):指评定轮廓所必需的一段长度,它可以包括一个或几个取样长度。通常 $\ln = 5l$。根据表面的均匀性程度,可以适当调整取样长度的段数。

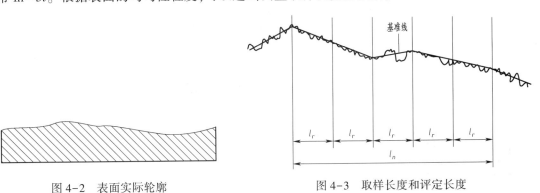

图 4-2 表面实际轮廓　　　　　　图 4-3 取样长度和评定长度

4.4 基 准 线

基准线是用以评定表面粗糙度参数值大小的一条参考线。

（1）轮廓的最小二乘中线。在取样长度上，是轮廓上各点至一条假想线距离平方和的最小值，如图4-4所示。

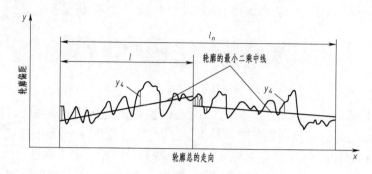

图4-4 轮廓的最小二乘中线

（2）轮廓的算术平均中线：指具有几何轮廓形状在取样长度内与轮廓走向一致的基准线，在取样长度内由该线划分轮廓使上、下两边的面积相等，如图4-5所示。

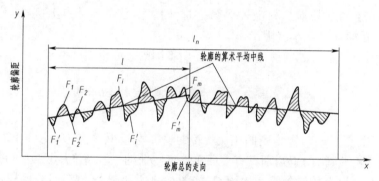

图4-5 轮廓的算术平均中心

最小二乘中心符合最小二乘原则，从理论上来说是理想的基准线，但在轮廓图形上确定其位置比较困难；而算术平均中线与最小二乘中线的差别很小，并且可用目测方法确定，故通常算术平均中线来代替最小二乘中线。当轮廓不规则时，算术平均中线不止一条，而最小二乘中线只有一条。

4.5 表面粗糙度评定参数

评定表面粗糙度的主参数如下。

（1）轮廓算术平均偏差 Ra：指在取样长度内，被测实际轮廓上各点至基准线距离 Z_i 的绝对值的算术平均值，如图4-6所示。

$$Ra = \frac{1}{lr} \int_0^t |Z(x)| \mathrm{d}x$$

或近似为

$$Ra = \frac{1}{n} \sum_{i=1}^n |Z(x_i)|$$

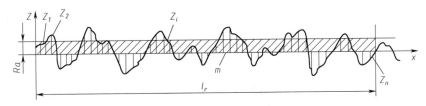

图 4-6　轮廓算术平均偏差 Ra

轮廓算术平均偏差 Ra 值越大，则表面越粗糙。轮廓算术平均偏差 Ra 能比较全面、客观地反映表面微观几何形状的特性，因而，轮廓算术平均偏差 Ra 是普遍采用的评定参数。

（2）轮廓最大高度 Rz：指在一个取样长度内，最大轮廓峰高 Z_{pmax} 和最大轮廓谷深 Z_{vmax} 之和，其表达为 $R_z = Z_{pmax} + Z_{vmax}$，如图 4-7 所示。

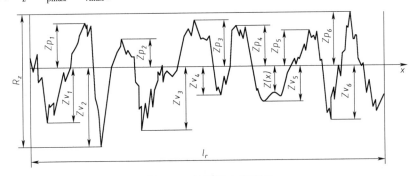

图 4-7　轮廓最大高度 Rz

轮廓最大高度 Rz 值越大，则表面越粗糙。轮廓最大高度 Rz 不能全面、客观地反映轮廓情况，但其测量、计算较为方便，从而应用广泛。

4.6　评定参数及参数值的选择

在表面粗糙度的评定参数中，Ra 和 Rz 分别从不同的角度反映了零件的表面形状特征，但都存在着不同程度的不完善性。

由于 Ra 既能反映加工表面的微观几何形状特征，又能反映微观凸峰高度，且测量效率高，测量时便于进行数据处理，因此，在 Ra 为 0.025～6.3 μm，Rz 为 0.1～25 μm 的参数范围内，推荐优先选用 Ra 值。

Rz 反映轮廓情况没有 Ra 全面，从其概念来看，其测量方便，同时也弥补了 Ra 不能测量极小表面的不足。因此，在零件加工表面过于粗糙（Ra>6.3 μm）、过于光滑（Ra<0.025 μm），或测量面积很小时，推荐选用 Rz 值。

表面粗糙度数值的选择，一般应作以下考虑：

①在满足零件表面功能要求的情况下，尽量选用大一些的表面粗糙度值。

②一般情况下，同一个零件上，工作表面（或配合面）的表面粗糙度值应小于非工作面（或非配合面）的表面粗糙度值。

③摩擦面、承受高压和交变载荷的工作面的表面粗糙度值应小一些。

④尺寸精度和形状精度要求高的表面,其表面粗糙度值应小一些。

⑤要求耐腐蚀的零件表面,其表面粗糙度值应小一些。

⑥有关标准已对表面粗糙度要求作出规定的,应按相应标准确定表面粗糙度值。

4.7 表面粗糙度符号代号及其标注(GB/T 131—2006)

1. 表面粗糙度符号和代号

表面粗糙度的基本符号如图4-8所示,在图样上用粗实线画出。符号及其意义见表4-1。为了明确表面结构要求,除了标注结构参数和数值外,必要时应标注补充要求,补充要求包括传输带、取样长度、加工方法、表面纹理及方向、加工余量等(见图4-9)。

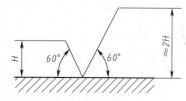

图4-8 表面粗糙度的基本符号

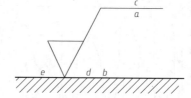

图4-9 表面粗糙度数值及相关规定在符号中的标注位置
a—注写表面结构的单一要求;a 和 b—注写两个或多个表面结构要求;
c—注写加工方法;d—注写表面纹理和方向;e—注写加工余量

表4-1 表面粗糙度符号及其意义

符 号		含 义
表面结构的图形符号	∨	基本图形符号,未指定工艺方法的表面,当通过一个注释解释时可单独使用,如大多数表面有相同表面结构要求的简化注法
	∨ (带横线)	扩展图形符号,用去除材料方法获得的表面;仅当其含义是"被加工表面"时可单独使用,如车、铣、钻、磨、剪切、腐蚀、电加工、气割等
	∨ (带圆圈)	扩展图形符号,不去除材料的表面,也可用于表示保持上道工序形成的表面,不管这种状况是通过去除材料或不去除材料形成的,如铸、锻、冲压变形等

2. 表面粗糙度在零件图上的标注见表 4-2。

表4-2 表面结构要求的标注示例

序号	要 求	示 例
1	表面粗糙度 双向极值:上限值 $Ra=50$ μm;下限值 $Ra=6.3$ μm 均为"16%规则"(默认) 两个传输带均为 0.008~4 mm(滤波器标注,短波在前,长波在后) 默认的评定长度 5×4 mm=20 mm 加工方法:铣 注:因不会引起争议,不必加 U 和 L	铣 0.008-4/Ra 50 0.008-4/Ra 6.3

序号	要　　求	示　　例
2	除一个表面外,所有表面的粗糙度为 单值上限值 $Ra=6.3$ μm;"16% 规则"(默认) 默认传输带:默认评定长度($5×λc$) 表面纹理无要求:去除材料的工艺 不同的表面,粗糙度为 单向上限值: $Ra=0.8$ μm;"16% 规则"(默认) 默认传输带:默认评定长度($5×λc$) 表面纹理无要求:去除材料的工艺	
3	表面粗糙度 两个单向上限值: (1) $Ra=1.6$ μm "16% 规则"(默认)(GB/T 10610);默认传输带(GB/T 10610 和 GB/T 6062)及评定长度($5×λc$) (2) $Rz_{max}=6.3$ μm "最大规则":传输带 -2.5 μm(GB/T 6062);默认评定长度($5×2.5$ mm) 表面纹理垂直于视图的投影面 加工方法:磨削	
4	表面结构和尺寸可标注为 一起标注在延长线上或分别标注在轮廓线和尺寸界线上 示例中的三个表面粗糙度要求为 单向上限值,分别为: $Ra=1.6$ μm, $Ra=6.3$ μm, $Ra=12.5$ μm "16%" 规则(默认)(GB/T 10610);默认传输带(GB/T 10610 和 GB/T 6062);默认评定长度 $5×λc$(GB/T 6062) 表面纹理无要求 去除材料的工艺	
5	表面粗糙度 单向上限值 $Ra=0.8$ μm "16% 规则"(默认)(GB/T 10610) 默认传输带(GB/T 10610 和 GB/T 6062) 默认评定长度($5×λc$)(GB/T 10610) 表面纹理没有要求 表面处理:铜件,镀镍/铬(铜材、电镀光亮镍 5 μm 以上;普通装饰铬 0.3 μm 以上) 表面要求对封闭轮廓的所有表面有效	

续表

序号	要　　求	示　例
6	表面粗糙度 一单向上限值和一个双向极限值: (1)单向 Ra=1.6 μm "16% 规则"(默认)(GB/T 10610) 传输带-0.8 mm(λs 根据 GB/T 6062 确定) 评定长度 5×0.8 mm=4 mm(GB/T 10610) (2)双向 Rz 上限值 Rz=12.5 μm 下限值 Rz=3.2 μm "16% 规则"(默认) 上下极限传输带均为-2.5 mm("-"号表示长波滤波器标注) (λs 根据 GB/T 6062—2009 确定) 上下极限评定长度均为 5×2.5 mm=12.5 mm (即使不会引起争议,也可以标注 U 和 L 符号) 表面处理:钢件,镀镍/铬(钢材,电镀光亮镍 10 μm 以上;普通装饰铬 0.3 μm 以上)	Fe1Ep·Ni10bCr0.3r -0.8/Ra 1.6 U-2.5/Rz 12.5 L-2.5/Rz 3.2
7	表面结构和尺寸可以标注在同一尺寸线上 键槽侧壁的表面粗糙度 一个单向上限值 Ra=6.3 μm "16% 规则"(默认)(GB/T 10610) 默认评定长度(5×λc)(GB/T 6062) 默认传输带(GB/T 10610 和 GB/T 6062) 表面纹理没有要求 去除材料的工艺 倒角的表面粗糙度 一个单向上限值 Ra=3.2 μm "16% 规则"(默认)(GB/T 10610) 默认评定长度 5×λc(GB/T 6062) 默认输带(GB/T 10610 和 GB/T 6062) 表面纹理没有要求 去除材料的工艺	C2　　Ra 3.2 Al　　Ra 3.2 Al　　A—A
8	表面结构、尺寸和表面处理的标注 示例是三个连续的加工工序 第一道工序:单向上限值,Rz=1.6 μm;"16% 规则"(默认)(GB/T 10610);默认传输带(GB/T 10610 和 GB/T 6062)及评定长度(5×λc)(GB/T 6062);表面纹理无要求;去除材料的工艺 第二道工序:镀铬,无其他表面结构要求 第三道工序:一个单向上限值,仅对长为 50 mm 的圆柱表面有效;R_z=6.3 μm;"16% 规则"(默认)(GB/T 10610);默认传输带(GB/T 10610 和 GB/T 6062)及评定长度(5×λc)(GB/T 6062);表面纹理无要求;磨削加工工艺	Fe1Ep·Cr50　磨 Rz 6.3 Rz 1.6 50　ϕ29h7

续表

序号	要　　求	示　　例
9	齿轮、渐开线花键、螺纹等工作表面没有画出齿(牙)形时,表面粗糙度代号可按图例简化标注在节圆线上或螺纹大径上 中心孔工作表面的粗糙度应在指引线上标出	齿轮 渐开线花键、中心孔　2×B2/6.3 GB/T4454.5 螺纹　M8-6H
10	表面结构要求标注在几何公差框格的上方 图例表示导轨工作面经刮削后,在 25 mm×25 mm 面积内接触点不小于 10 点,单一上限值 $Ra=1.6$ μm;"16% 规则"(默认);默认传输带及评定长度(5×λc)	两面刮口25内10点 Ra 1.6 □ 0.02 机床山形导轨

4.8　表面粗糙度的检测

1. 比较法

比较法是指被测表面与已知其粗糙度值参数的样本相比较,通过人的视觉或触觉,也可以借助放大镜、显微镜来判断被测表面粗糙度值的一种检测方法。粗糙度标准块如图 4-10 所示。

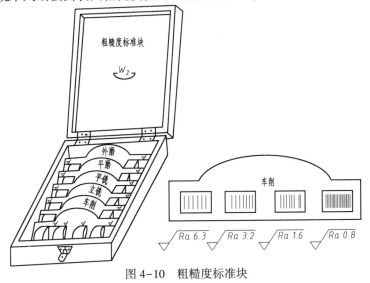

图 4-10　粗糙度标准块

粗糙度标准块样板是成套的,列出了各种加工方法下常用的 Ra 值的样板,可以借助显微镜或放大镜与工件表面进行对比、观察,若工件的粗糙程度低于样板则判定为合格。工厂中也有以某工件为样板,该工件标记了用仪器设备测量的粗糙度值,以此工件为标准进行比较判定。

比较法较为简单,成本低,但是人为影响因素特别大,仅适用于评定表面粗糙度要求不高的工件表面。

2. 光切法

光切法是利用光学原理来测量表面粗糙度的一种方法。常用的仪器是光切显微镜,该方法主要用于测量表面粗糙度 Ra 值,其测量范围通常为 $0.8 \sim 100$ μm。光切显微镜及测量原理如图 4-11、图 4-12 所示。

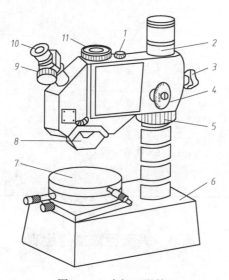

图 4-11　光切显微镜
1—光源;2—立柱;3—锁紧螺钉;4—微调手轮;5—粗调手轮;
6—底座;7—工作台;8—物镜组;9—测微鼓轮;10—目镜;11—照相机插座

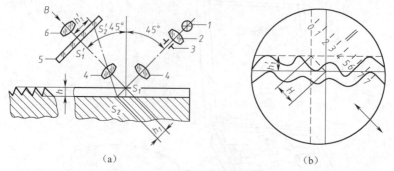

（a）　　　　　　　　　　　　　　（b）

图 4-12　光切显微镜测量原理
1—光源;2—聚光镜;3—光阑;4—物镜;5—分划板;6—目镜

3. 干涉法

干涉法是利用光的干涉原理来测量表面粗糙度的一种方法。常用的仪器是干涉显微镜,

该方法适于 Ra 的测量,其测量范围通常为 $0.05\sim0.8\ \mu m$。干涉显微镜如图 4-13 所示。

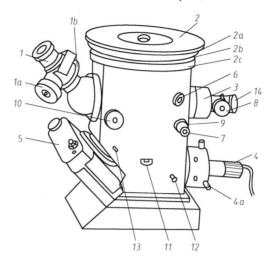

图 4-13　干涉显微镜外形

1—目镜千分尺;1a—刻度筒;1b—螺钉;2—圆工作台;2a—移动圆台的滚花环;2b—转动圆台的滚花环;

2c—升降圆台的滚花环;3—参考镜部件;4—光源;4a—调节螺钉;5—照相机;6—转遮光板手轮;

7、8、9、14—干涉带调节手轮;10—目视或照相的转换手轮;11—光阑调节手轮;

12—滤光片手柄;13—固紧照相机的螺钉

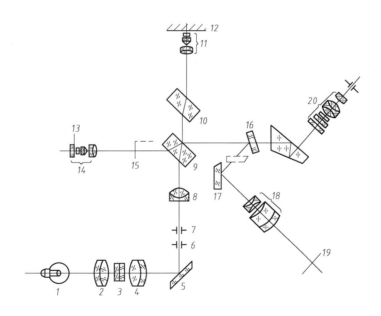

图 4-14　干涉显微镜光学系统

1—光源;2,4,8—聚光镜;3—滤光片;5—折射镜;6—视场光阑;7—孔径光阑;9—分光镜;

10—补偿板;11—物镜;12—被测表面;13—标准参考镜;14—物镜组;15—遮光板;16—可调反光镜;

17—折射镜;18—照相物镜;19—照相底片;20—目镜

原理:干涉显微镜的光学系统如图4-14所示。从光源1发出的光束,经过分光镜9分为两束光。一束透过分光镜9、补偿板10,射向被测工件表面,由工件反射后经原路返回至分光镜9,射向观察目镜20。另一束光通过分光镜9反射到标准参考镜13,由标准参考镜13反射并透过分光镜9,也射向观察目镜20。这两束光线间存在光程差,相遇时,产生光波干涉,形成明暗相间的干涉条纹。

若工件表面为理想平面,则干涉条纹为等距离平行直线;若工件表面存在着微观不平度,通过目镜将看到图4-15所示的弯曲干涉条纹。测出干涉条纹的弯曲度 Δh_i 和间隔宽度 b_i(由光波干涉原理可知,b 对应于半波长 $\lambda/2$)。通过下式可计算出波峰至波谷的实际高度 Y_i 为

$$Y_i = \frac{\Delta h_i}{b_i} \times \frac{\lambda}{2}$$

式中 λ ——光波波长。自然光(白光),$\lambda = 0.66\ \mu m$;绿光(单色光),$\lambda = 0.509\ \mu m$;红光(单色光),$\lambda = 0.644\ \mu m$。

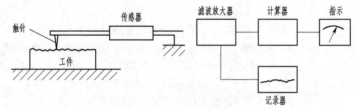

图 4-15 弯曲干涉条纹

4. 轮廓法

轮廓法是一种接触式测量表面粗糙度的方法,最常用的仪器是电动轮廓仪。通过轮廓仪触针划过工件表面,将所得信息传到传感器并转变为电信号,经过计算和放大处理,由指示表上显示 Ra 值。

理论上来说,这个方法是精准的,但是触针的尺寸太小,与工件接触力不够;如果触针过粗,则不能触到表面的峰谷,且接触力大易划伤工件表面,因此其实用性差和成本高,决定了这种方法难用于实际。

【任务实施】

检测报告

被测零件名称				
检测项目	图纸要求	计量器具	实测结果	合格性判断

同 步 练 习

1. 选择题

(1)表面粗糙度代号在图样上应标注在( )。

　　A. 可见轮廓线上　　　　　　B. 尺寸界限上　　　　　　C. 虚线上

　　D. 符号尖端从材料内指向被标注表面

　　E. 符号尖端从材料外指向被标注表面

(2)表面粗糙度值越小,则零件的( )。

　　A. 配合精度高　　　　　　　B. 耐磨性好　　　　　　　C. 传动灵敏性好

　　D. 抗疲劳强度差　　　　　　E. 加工困难　　　　　　　F. 工艺性好

2. 判断题

(1)零件的尺寸精度越高,通常表面粗糙度参数值相应取得越小。　　　　　　( )

(2)表面粗糙度要求很小的零件,则其尺寸公差也必定很小。　　　　　　　　( )

3. 简答题

(1)表面粗糙度的含义是什么?它与形状误差有何区别?

(2)表面粗糙度对零件的功能有什么影响?

(3)试论述表面粗糙度轮廓参数 Ra、Rz 的测量方法。

任务 5 普通螺纹连接的公差认知与检测

【学习目标】

(1)掌握普通螺纹的种类、基本牙型和主要几何参数,以及螺纹几何参数对互换性的影响;

(2)能正确在螺纹图样上进行标注;

(3)掌握计算普通螺纹基本偏差、公差和极限尺寸的方法;

(4)掌握螺纹的检测方法并能选择合适的测量工具;

(5)掌握用三针法测量螺纹中径的方法;

(6)掌握用螺纹千分尺测量螺纹参数的方法;

(7)掌握用螺纹塞规和螺纹环规检验内、外螺纹的方法。

【任务描述】

测量螺纹的方法有许多种,应根据螺纹的不同使用场合及螺纹的加工条件,来决定螺纹的测量手段。常用的螺纹测量方法主要有综合测量和单项参数测量两大类。

同时测量螺纹的多个参数的检测方法称为综合测量。这种方法的测量效率高,但不能测出参数的具体数值,适用于批量生产的中等精度螺纹的检测。

用量具、量仪测量螺纹单个参数的实际值的测量方法称为单项测量。这种方法能测出螺纹参数的具体数值,可以对各项误差进行分析并找出产生误差的原因,但检测效率低,适用于单件生产或高精度零件的测量。

现要求检测图 5-1 所示的螺纹零件,理解 M38-5g6g、100 的含义?并判断螺纹是否合格。

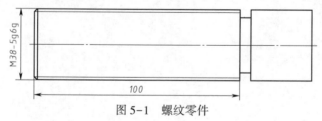

图 5-1 螺纹零件

【知识链接】

螺纹配合在机械制造及装配安装中是广泛采用的一种连接形式,按用途不同可分为两大类:

（1）连接螺纹

主要用于紧固和连接零件，因此又称紧固螺纹。公制普通螺纹是使用最广泛的一种，要求其有良好的旋入性和连接的可靠性，牙型为三角形。

（2）传动螺纹

主要用于传递动力或精确位移，要求具有足够的强度和保证精确的位移。传动螺纹牙型有梯形、矩形等。机床中的丝杠、螺母常采用梯形螺纹。

5.1　普通螺纹的基本牙型和几何参数

5.1.1　普通螺纹的基本牙型

根据国家标准 GB/T 192—2003 的规定，普通螺纹的基本牙型如图 5-2 所示。在通过螺纹轴线的剖面上，将高度为 H 的原始等边三角形的顶部截去 $H/8$ 和底部截去 $H/4$ 后形成的内外螺纹共有的理论牙型。基本牙型上的尺寸为螺纹的基本尺寸。

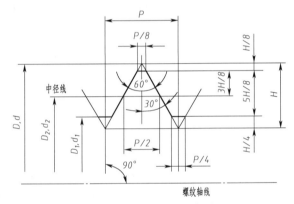

图 5-2　普通螺纹的基本牙型

5.1.2　螺纹的几何参数

由图 5-2 所示普通外螺纹可知，螺纹的主要参数有：大径 d、小径 d_1、中径 d_2、线数 n（一般 $n \leqslant 4$）、螺距 P、导程 $s(s=nP)$、牙型角 α、接触高度 h 及螺纹升角 λ。

（1）大径 $d(D)$：螺纹的最大直径，即与外螺纹牙顶（或内螺纹牙底）相重合的假想圆柱面的直径，在标准中用作螺纹的公称直径。

（2）小径 $d_1(D_1)$：螺纹的最小直径，即与外螺纹牙底（或内螺纹牙顶）相重合的假想圆柱面的直径。

（3）中径 $d_2(D_2)$：一个假想圆柱的直径，该圆柱的母线上螺纹牙厚度与牙间宽相等。

（4）线数 n：指螺纹螺旋线的数目。其中，连接螺纹要求具有自锁性，多用单线螺纹；传动螺纹要求传动效率高，多用双线或三线螺纹。为了便于制造，一般 $n \leqslant 4$。

（5）螺距 P：指螺纹相邻两牙在中径线上对应两点之间的轴向距离。

（6）导程 S：指同一条螺旋线上相邻两牙在中径线上对应两点间的轴向距离。单线螺纹：

$S=P$；多线螺纹：$S=nP$。

(7)升角 λ：在中径圆柱上，螺旋线的切线与垂直于螺纹轴线的平面的夹角。其公式为

$$\lambda = \arctan \frac{S}{\pi d_2} = \arctan \frac{np}{\pi d_2} \qquad (5-1)$$

(8)牙型角 α：在螺纹牙型上，两相邻牙侧间的夹角。

(9)牙侧角 β：在螺纹牙型上，牙侧与螺纹轴线的垂线间的夹角。对称牙型的牙侧角 $\beta=\alpha/2$。

(10)螺纹旋合长度：指两个相互配合的螺纹，沿螺纹轴线方向相互旋合部分的长度。

5.2 普通螺纹测量方法

5.2.1 三针测量法

三针测量法是一种比较精密的检测方法，适用于测量精度较高，螺纹升角小于4°的三角形螺纹、梯形螺纹的中径尺寸。测量方法如图 5-3 所示，将三根直径相等、尺寸合适的量针放置在螺纹两侧相对应的螺旋槽中，用千分尺测量两边量针顶点之间的距离 M，由 M 换算出螺纹中径的实际尺寸。

三针测量法中所用钢针的横截面应与螺纹牙侧相切于螺纹中径处，其 M 值和量针直径的简化计算见表 5-1。

5.2.2 单针测量法

在测量直径和螺距较大的螺纹中径时，用单针测量方便、简单。测量时，将一根量针放入螺旋槽中，另一侧以螺纹大径为基准，用千分尺测出量针顶点到另一侧螺纹大径之间的距离 A，由 A 换算出螺纹中径的实际尺寸。量针的选择与三针测量法相同，如图 5-4 所示。

在用单针进行测量前，应先量出螺纹大径的实际尺寸 d_0，并根据所选用量针的直径 d_D 来计算用三针测量时的 M 值，然后计算 A 值，公式为

$$A = 1/2(M + d_0)$$

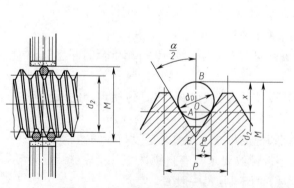

图 5-3 用三针法测量螺纹中径

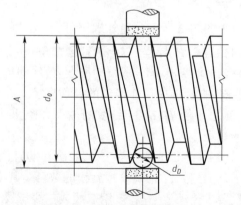

图 5-4 用单针测量螺纹中径

表 5-1　*M* 值和量针直径的简化计算

螺纹牙型角	M 计算公式	量针直径 d_D		
		最大值	最佳值	最小值
30°(梯形螺纹)	$M = d_2 + 4.864d_D - 1.866P$	$0.656P$	$0.518P$	$0.486P$
40°(蜗杆)	$M = d_1 + 3.924d_D - 4.316m_X$	$2.446m_X$	$1.675m_X$	$1.61m_X$
55°(英制螺纹)	$M = d_2 + 3.166d_D - 0.961P$	$0.894P - 0.029$	$0.564P$	$0.481P - 0.016$
60°(普通螺纹)	$M = d_2 + 3d_D - 0.866P$	$1.01P$	$0.577P$	$0.505P$

5.3　螺 纹 量 具

5.3.1　用螺纹千分尺测量外螺纹的中径

螺纹千分尺内附有一套可适应不同尺寸和牙型的、可换的成对测量头,每对测量头只能测量一定螺距范围的螺纹。它的规格有 0~25 mm、25~50 mm 至 325~350 mm 等。螺纹千分尺的测量头由一个凹螺纹形测量头和一个圆锥形测量头组成,是根据牙型角和螺距的标准尺寸制造的,测得单一中径不包含螺距误差和牙型半角的补偿值,故只能用于低精度螺纹或工序间的测量。

螺纹千分尺的外形如图 5-5 所示。它的构造与外径千分尺基本相同,只是装有特殊的测量头,实质上是将外径千分尺的平测量头改成了可插式牙型测量头,用它来直接测量外螺纹的中径。螺纹千分尺的分度值为 0.01mm。

测量前,用如图 5-6 所示的尺寸样板来调整零位。使用时,根据被测螺纹的螺距及牙型角来选择测量头。测量时,在螺纹轴线两边的牙型上,分别卡入与被测螺纹牙型角规格相同的一套凹螺纹形测量头和一个圆锥形测量头,即可由螺纹千分尺直接读出螺纹中径的实际尺寸。

图 5-5　螺纹千分尺

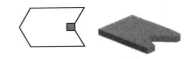

图 5-6　尺寸样板

5.3.2　用螺纹量规检验螺纹的综合尺寸

在实际生产中,检验螺纹尺寸的正确性所用的量规称为工作量规。它包括检验外螺纹(螺栓)用的光滑卡规和螺纹环规,以及检验内螺纹(螺母)用的光滑塞规和螺纹塞规。这些量规都有通端和止端。

1)用螺纹环规检测外螺纹(螺栓),螺纹环规如图 5-7 所示。

(1)通端(T)螺纹工作环规。通端螺纹工作环规主要用来检测外螺纹的作用中径,其次是

控制螺栓小径的上极限尺寸。由于它是综合量规，因此具有完全
的牙型(其牙型与标准内螺纹的牙型相当)和标准旋合长度(8个
牙)。合格的外螺纹都应使通端螺纹工作环规顺利地旋入，这样
就保证了外螺纹的作用中径及小径不超过其上极限尺寸。

图5-7　螺纹环规

(2)止端(Z)螺纹工作环规。止端螺纹工作环规用来检测外
螺纹的实际中径。为了不受螺距误差和牙型半角误差的影响，应
仅仅使它的中径部分与被检测的外螺纹接触，所以止端螺纹工作
环规的牙型做成截短牙型，其螺纹圈数也相应减少2~3.5牙。合格的外螺纹不应该完全通过
止端螺纹工作环规，但仍能允许旋合一部分(对于不多于4牙的外螺纹，量规旋入量不得多于
2牙；多于4牙的外螺纹量规的旋入量不得多于3.5牙)。如果被检测外螺纹没有通过止端螺
纹工作环规，则说明其实际中径没有小于它的下极限尺寸，该外螺纹是合格的。

2)用螺纹塞规检测内螺纹(螺母)螺纹塞规及通、止端牙型如图5-8所示。

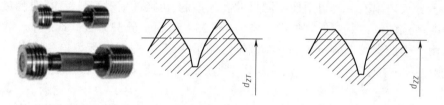

图5-8　螺纹塞规及通、止端牙型

(1)通端(T)螺纹工作塞规。通端螺纹工作塞规主要用来检测内螺纹的作用中径，其次是
控制内螺纹大径的下极限尺寸。它也属于综合量规，用来进行综合检测，所以应具有完整的牙
型(其牙型与标准外螺纹的牙型相当)和标准旋合长度(8个牙)。合格的内螺纹都应被通端
螺纹工作塞规顺利地旋入，这样就保证了内螺纹的大径和作用中径不小于其下极限尺寸。

(2)止端(Z)螺纹工作塞规。止端螺纹工作塞规用来检测内螺纹的实际中径。为了不受
螺距误差和牙型半角误差的影响，止端螺纹工作塞规的圈数做成很少的几圈(2~3.5牙)，并
做成截短牙型。合格的内螺纹不应该完全通过，但仍能允许能旋合一部分(对于不多于4牙
的内螺纹，量规在两端的旋入量之和不得多于2牙；对于多于4牙的内螺纹，量规的旋入量不
得多于2牙)。如果内螺纹没有通过止端螺纹工作塞规，则说明其实际中径没有超出它的上
极限尺寸，该内螺纹是合格的。

检验外螺纹大径和内螺纹小径的量规，其形式与检测光滑圆柱体工件中的光滑极限塞规
和卡规的原理及使用方法相同。

【知识拓展】

螺　纹　标　记

螺纹完整的标记由螺纹代号、螺纹公差带代号和旋合长度代号三部分组成。

螺纹代号:粗牙普通螺纹用 M 及公称直径表示。细牙普通螺纹用 M 及公称直径×螺距表示。左旋螺纹在螺纹代号后加注"LH",不标记时为右旋螺纹。

螺纹公差带代号:包括中径和顶径代号,如果两者代号相同,就只标一个代号;如果两者代号不同,那么前者为中径代号,后者为顶径代号(顶径:外螺纹指大径;内螺纹指小径)。

旋合长度代号:可标注旋合长度代号,也可直接标注旋合长度值。采用中等旋合长度时,N 可以不标注。

标记示例:M20×2LH-6g7g-L 表示普通细牙螺纹,公称直径 20 mm,螺距 2 mm,左旋;外螺纹,中径公差带代号为 6g,顶径公差带代号为 7g;长旋合长度。

M10-7H 表示普通粗牙螺纹,公称直径 10 mm,螺距右旋;内螺纹,中径和顶径公差带代号均为 7H;中等旋合长度。

M10×1-6H—30 表示普通细牙螺纹,公称直径 10 mm,螺距 1 mm,右旋;内螺纹,中径和顶径公差带代号均为 6H;旋合长度 30 mm。

内、外螺纹的配合在图样上标注时,其公差带代号用斜线分开,左边表示内螺纹的公差带代号,右边表示外螺纹的公差带代号。例如:M20×2—6H/6g;M20×2LH—6H/5g6g。

【任务实施】

检测报告

被测零件名称				
检测项目	图纸要求	计量器具	实测结果	合格性判断

同 步 练 习

1. 选择题

(1)常见的连接螺纹是_____。

　　A. 左旋单线　　　　B. 右旋双线　　　　C. 右旋单线　　　　D. 左旋双线

(2)标注螺纹时_____。

　　A. 右旋螺纹不必注明　　　B. 左旋螺纹不必注明

　　C. 左、右旋螺纹都必须注明　D. 左、右旋螺纹都不必注明

(3)单线螺纹的螺距_____导程。

　　A. 等于　　　　　　B. 大于　　　　　　C. 小于　　　　　　D. 与导程无关

(4)常用螺纹连接中,自锁性最好的螺纹是_____。

A. 普通螺纹　　　　　　B. 梯形螺纹　　　　C. 锯齿形螺纹　　　D. 矩形螺纹

(5)常用螺纹连接中,传动效率最高的螺纹是_____。

A. 三角螺纹　　　　　　B. 梯形螺纹　　　　C. 锯齿形螺纹　　　D. 矩形螺纹

2. 判断题

(1)同一公称直径的标准螺纹可以有多种螺距,其中具有最大螺距的螺纹称为粗牙螺纹,其余的称为细牙螺纹。　　　　　　　　　　　　　　　　　　　　　　　　　　　（　　）

(2)一般连接螺纹常用粗牙螺纹。　　　　　　　　　　　　　　　　　　　　　（　　）

(3)螺栓的公称尺寸为中径。　　　　　　　　　　　　　　　　　　　　　　　（　　）

(4)普通螺纹多用于连接,梯形螺纹多用于传动。　　　　　　　　　　　　　　（　　）

(5)一螺纹的标记为 M10LH 6H,该螺纹是外螺纹。　　　　　　　　　　　　　（　　）

(6)同一直径的螺纹按螺旋线数不同,可分为粗牙和细牙两种。　　　　　　　　（　　）

3. 简答题

说明下列螺纹标记中代号的含义:

(1)M20-6H;

(2)M30×2-5G6G-S;

(3)M36×2-6H/5G6G-L;

(4)M16-7H8G;

(5)M10×1LH-5g6g-S;

(6)M20×1.5-5g6g。

任务6 键和花键连接的互换性

【学习目标】

掌握平键和花键的测量方法。

【任务描述】

键连接广泛用于轴与传动零件(如齿轮、带轮、手轮等)之间的连接,用以传递转矩或兼作导向。常用的键连接有平键和花键连接,它们均属于可拆连接,多用于需要经常拆卸和要求便于装配的场合。

【知识链接】

6.1 平 键

单键(通常称键)的类型有平键、半圆键、楔形键和切向键等,其中应用最广泛的是平键。

平键连接通过键的侧面与轴键槽和轮毂键槽侧面的相互接触来传递转矩。键的上表面与轮毂键槽间留有一定的间隙,其结构和几何参数如图6-1所示。

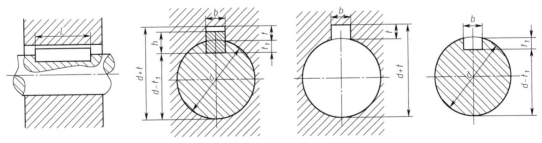

图6-1 平键的结构和几何参数

如图6-2所示,b 为键和键槽(包括轴槽和轮毂槽)的宽度,t 和 t_1 分别为轴槽和轮毂槽的深度,h 为键的高度 $t + t_1 - h = 0.2 \sim 0.5$ mm,L 为键的长度,d 为轴和轮毂孔的直径。

在平键连接中,轴径 d 确定后,平键的规格参数就可根据轴径 d 来确定。

键连接是通过键和键槽的侧面来传递转矩的,因此在平键连接中,键宽和键槽 b 是主要的配合尺寸。键由钢制成,是标准件,是平键连接中的"轴",所以键宽和键槽宽的配合采用基轴制配合。国家标准 GB/T 1095—2003《平键键槽的剖面尺寸》从 GB/T 1801—2009 中选取公差带,对键宽规定了一种公差带(h9),与轴槽和轮毂槽宽的三种公差带构成较松连接、一般连接和较紧连接三种不同性质的配合,以满足各种不同用途的需要。

在非配合尺寸中,键高 h 的公差带为 h11,键长 L 公差带为 h14;轴槽长度的公差带为 H14。轴槽深 t 和轮毂深 t_1 的公差带由 GB/T 1095—2003 规定。

为了保证键侧与键槽之间有足够的接触面积和避免装配困难,应分别规定轴槽和轮毂槽的对称度公差,对称度公差等级按 GB/T 1184—1996 选取,一般取 7~9 级。键和键槽配合面的表面结构一般取 Ra 1.6~6.3 μm,非配合面取 Ra 6.3~12.5 μm。键槽尺寸和公差的标注如图 6-2 所示。

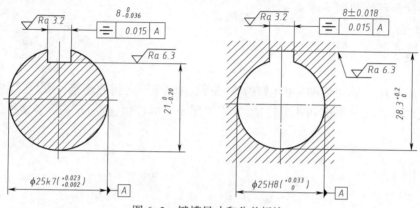

图 6-2　键槽尺寸和公差标注

6.2　花　　键

花键连接与平键相比,具有明显的优势。其定心精度高,导向性好,承载能力强,连接可靠,因此在机械中获得了广泛的应用。花键连接可用作固定连接,也可用作滑动连接。

花键的类型有矩形花键、渐开线花键和三角形花键等,这里只介绍应用最广泛的矩形花键的互换性。

GB/T 1144—2001《矩形花键尺寸、公差和检验》规定了矩形花键连接的尺寸系列、定心方式、公差与配合、标注方法以及检测规则。矩形花键的键数为偶数,有 6、8、10 三种。按承载能力不同,矩形花键可分为中、轻两个系列。中系列的键高尺寸较大,承载能力强;轻系列的键高尺寸较小,承载能力相对弱。矩形花键的基本尺寸有大径 D、小径 d 和键(或槽)宽 B,如图 6-3 所示。

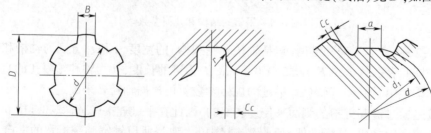

图 6-3　矩形花键的基本尺寸

内、外花键有三个结合面,确定内、外花键配合性质的结合面称为定心表面,每个结合面都可以是定心表面。因此,花键连接有三种定心方式:小径定心、大径定心和键侧(键槽侧)定心,如图 6-4 所示。前两种方式的定心精度比后一种高。由于花键结合面的硬度通常要求较高,需淬火处理,为了保证定心表面的尺寸精度和形状精度,淬火后需要进行磨削加工。从加工工艺性看,小径便于磨削(内花键小径可在内圆磨床上磨削,外花键小径可用成形砂轮磨削),易保证较高的加工精度和表面强度,从而可提高花键的耐磨性和使用寿命。因此,国家标准 GB/T 1144—2001 规定都采用小径定心,在大径处留有较大的间隙。矩形花键是靠键侧面接触传递转矩的,所以键宽和键槽宽应保证足够的精度。矩形花键连接采用基孔制配合。国家标准对内、外花键三个参数大径 D、小径 d 和键宽 B 规定了尺寸公差带,可查表。

矩形花键连接按使用要求分为一般用和精密传动用。在一般情况下,内、外花键定心直径 d 的公差带取相同的公差等级。在选用配合时,定心精度要求高、传动转矩大,其间隙应小;内、外花键有相对滑动,花键配合长度大,其间隙应大。

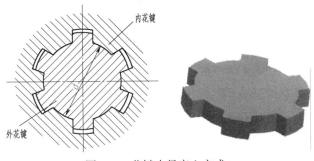

图 6-4　花键小径定心方式

【任务实施】

6.3　平键测量方法

对于键连接,需要测量的项目有键宽,轴槽和轮毂槽的宽度、深度及槽的对称度。

单件小批量生产时,可通过计量器具(如千分尺、游标卡尺等)测量键宽、轴槽和轮毂尺寸。在大批量生产时,常用极限量规(通端和止端)控制各尺寸,图 6-5(a)所示为键槽宽度极限量规;图 6-5(b)所示为轮毂槽深度极限量规;图 6-5(c)所示为轮毂槽宽度和深度的键槽复合量规;图 6-5(d)所示为轮毂对称度量规。

单件或小批量生产时,可用分度头、V 形块和百分表测量键槽对称度;大批量生产时,多用综合量规检测键槽对称度。

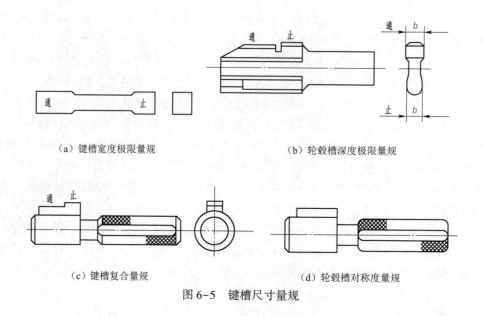

（a）键槽宽度极限量规   （b）轮毂槽深度极限量规

（c）键槽复合量规   （d）轮毂槽对称度量规

图 6-5　键槽尺寸量规

6.4　花键测量方法

　　矩形花键的检测有单项测量和综合检测两种。在单件小批量生产中，花键的尺寸和位置误差用千分尺、游标卡尺、百分表等通用计量器具分别测量。在大批量生产中，先用花键综合量规（塞规或环规，见图 6-6）同时检测花键的小径、键宽，大、小径的同轴度误差，以及各键（键槽）的位置度误差等综合结果。若综合量规能自由通过，则为合格。内、外花键用综合量规检测合格后，再用单项止端塞规（卡规）或普通计量器具检测其小径、大径及键槽宽（键宽）的实际尺寸是否超越其最小实体尺寸。

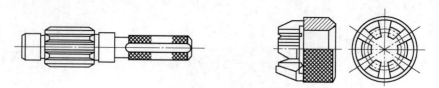

图 6-6　花键综合量规

【知识拓展】

键 的 标 记

　　矩形花键在图样上的标记代号按次序包括下列项目：（键数）N×（小径）d×（大径）D×（键宽）B，其各自的公差带代号和精度等级可根据需要标注在各自的基本尺寸之后。示例：某花键 $N = 6$；$d = 23\dfrac{\text{H7}}{\text{f7}}$；$D = 26\dfrac{\text{H10}}{\text{a11}}$；$B = 6\dfrac{\text{H11}}{\text{d10}}$ 的标记如下：

花键规格	$N \times d \times D \times B$	$6 \times 23 \times 26 \times 6$	
装配图上标注	$6 \times 23\dfrac{H7}{f7} \times 26\dfrac{H10}{a11} \times 6\dfrac{H11}{d11}$	GB/T 1144—2001	
零件图上标注内花键	$6 \times 23H7 \times 26H10 \times 6H11$	GB/T 1144—2001	
零件图上标注外花键	$6 \times 23f7 \times 26a11 \times 6d10$	GB/T 1144—2001	

同 步 练 习

简答题

(1)与单键相比,花键连接的优缺点有哪些?

(2)在平键连接中,键宽和键槽的配合有哪几种?各种配合的应用情况如何?

(3)测量图 6-7 所示的平键,并将测量报告填入表 6-1。

表 6-1　测量报告

	图样要求	测量方法	实　　测					平均值	结论
			1	2	3	4	5		
测量项目	16H9								
	$\phi 58r6$								
	52								

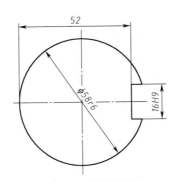

图 6-7　测量平键

任务 7 滚动轴承的互换性

【学习目标】

(1)掌握滚动轴承公差及特点。
(2)掌握滚动轴承配合的选择方法。
(3)掌握滚动轴承与轴及外壳配合的公差带的特点,配合面粗糙度及几何公差等级。

【任务描述】

滚动轴承是机械制造行业中应用极为广泛的一种标准支承件。滚动轴承具有减摩、承受径向载荷、轴向向载荷或径向与轴向联合载荷,并起到对机械零、部件相互间位置进行定位的作用。滚动轴承安装在机器上,其内圈与轴颈配合,外圈与外壳孔配合,它的工作性能与使用寿命不仅与本身的制造精度有关,还与其轴颈及外壳孔之间的配合等因素有关。

某圆柱齿轮减速器,装有 0 级向心角接触球轴承,轴承内圈随轴一起转动,外圈固定。轴承尺寸 $d \times D \times B = 55 \text{ mm} \times 100 \text{ mm} \times 27 \text{ mm}$,额定动负荷 $C_r = 32\ 000$ N,轴承承受的径向当量动载荷 $F_r = 4\ 000$ N。试用类比法判定图 7-1 中轴和外壳孔的公差代号,轴和外壳的几何公差值及表面粗糙度,是否合理?

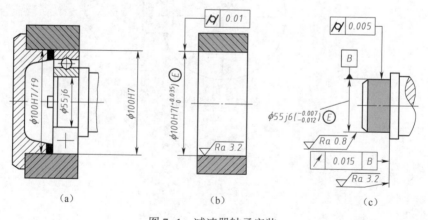

(a)   (b)   (c)

图 7-1 减速器轴承安装

【知识链接】

滚动轴承是应用广泛的标准件。它主要用于现代机器、仪器和仪表中的转动支承,与滑动轴承相比,具有摩擦因数小、润滑简单、便于更换等优点。

7.1　滚动轴承的类型

滚动轴承由内圈、外圈、滚动体和保持架组成,如图 7-2 所示。轴承的外圈和内圈分别与壳体孔及轴颈相配合,其外互换为完全互换。滚动轴承的内、外圈滚道与滚动体的装配一般采用分组装配,其内互换为不完全互换。

滚动轴承的类型:按滚动体形状可分为球轴承、滚子轴承;按承载负荷方向又可分为向心轴承、推力轴承。

向心轴承主要承受径向载荷,公称接触角在 0° 到 45° 范围内。按公称接触角不同,向心轴承又可分为径向接触轴承(公称接触角为 0°)和向心角接触轴承(公差接触角大于 0° 小于或等于 45°)。

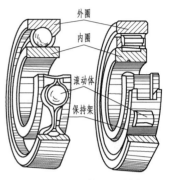

图 7-2　滚动轴承的结构

推力轴承主要承受轴向载荷,其公称接触角在 45° 到 90° 范围内按公称接触角不同,推力轴承又可分为轴向接触轴承(公称接触角为 90°)和推力角接触轴承(公称接触角大于 45° 小于 90°)。

滚动轴承的工作性能和寿命,既取决于轴承本身的制造精度,也与配合的轴和外壳的尺寸精度、几何精度和表面粗糙度有关。

7.2　滚动轴承的公差等级及其应用

在国家标准 GB307.3—2017《滚动轴承通用技术规则》中,按尺寸精度和旋转精度对滚动轴承的公差等级进行分级。向心轴承(圆锥滚子轴承除外)分为 0、6、5、4、2 五级;圆锥滚子轴承分为 0、6x、5、4、2 五级;推力轴承分为 0、6、5、4 四级;公差精度从 0 到 2 级依次增高,0 级最低,2 级最高。

滚动轴承尺寸精度是指内圈的内径、外圈的外径和宽度的尺寸精度。滚动轴承旋转精度是指轴承内、外圈的径向跳动、端面跳动及滚道的侧向摆动等。

0 级轴承在机械制造中应用最广,通常用于旋转精度要求不高、中等转速的一般机械中,如汽车、拖拉机的变速机构;普通机床的进给机构;普通电动机、液压泵、压缩机、汽轮机等旋转机构中的轴承。6、5、4 级轴承用于旋转精度要求较高或转速较高的机构中。例如,普通机床主轴的前轴承多采用 5 级轴承,后轴承多采用 6 级轴承;高精度磨床和车床、精密螺纹车床和齿轮机床等的主轴多采用 4 级轴承。2 级轴承用于旋转精度特别高的旋转机构中,如高精度齿轮磨床、精密坐标镗床、数控机床等的主轴轴承。

7.3　滚动轴承内、外径公差带的特点

滚动轴承内圈与轴配合应按基孔制,但位置与一般基准孔相反,国家规定 0、6、5、4、2 各级轴承的单一平面平均内径 d 的公差带都分布在零线下侧,即上偏差为零,下偏差为负值。如

图 7-3 所示。轴颈和外壳孔公差带如图 7-4、图 7-5 所示。

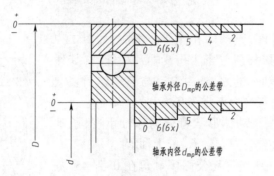

图 7-3　轴承内径、外径公差带

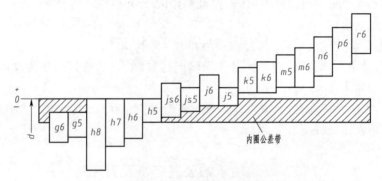

图 7-4　与滚动轴承配合的轴颈的常用公差带

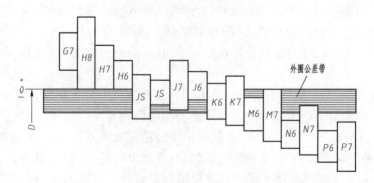

图 7-5　与滚动轴承配合的外壳的常用公差带

7.4　滚动轴承的配合

7.4.1　影响滚动轴承配合的主要因素

轴承套圈相对于负荷方向的运转状态(考虑滚道的磨损)：

(1)轴承套圈相对于负荷方向固定。当套圈相对于径向负荷的作用不旋转,或者该径向负荷的作用线相对于套圈不旋转时,该径向负荷始终作用在套圈轨道的某一局部区域上,这表示该套圈相对于负荷方向固定,如图 7-6(a)、(b)所示。

(2)轴承套圈相对负荷方向旋转。当径向的作用线相对于轴承套圈旋转,或者套圈相对径向负荷的作用线旋转时,该径向负荷就依次作用在套圈整个轨道的各个部位上,这表示该圈套相对于负荷方向旋转,如图 7-6(c)、(d)所示。

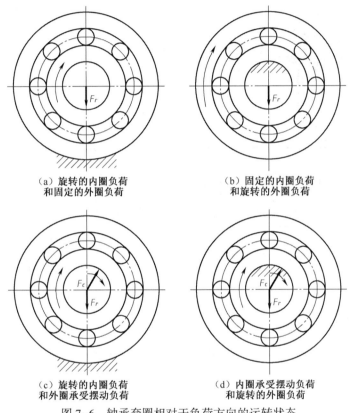

(a) 旋转的内圈负荷　　　　　　　(b) 固定的内圈负荷
和固定的外圈负荷　　　　　　　和旋转的外圈负荷

(c) 旋转的内圈负荷　　　　　　　(d) 内圈承受摆动负荷
和外圈承受摆动负荷　　　　　　　和旋转的外圈负荷

图 7-6　轴承套圈相对于负荷方向的运转状态

(3)轴承套圈相对于负荷方向摆动:当大小和方向按一定规律变化的径向负荷依次往复地作用在套圈轨道的一段区域上时,表示该套圈相对于负荷方向摆动,如图 7-7 所示。

7.4.2　滚动轴承的形位公差

轴颈或外壳孔为了避免套圈安装后产生变形,轴颈、外壳孔应采用包容要求,并规定更严的圆柱度公差。轴肩和外壳孔肩端面应规定端面圆跳动公差。相关规定见表 7-1。

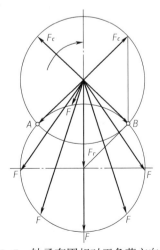

图 7-7　轴承套圈相对于负荷方向摆动

表7-1 滚动轴承的几何公差

轴承公称外径(mm)（基本尺寸）	圆柱度 t				端面圆跳动 t_1			
	轴颈		外壳孔		轴肩		外壳孔肩	
	轴承精度等级							
	0	6(6x)	0	6(6x)	0	6(6x)	0	6(6x)
	公差值(μm)							
>18~30	4	2.5	6	4	10	6	15	10
>30~50	4	2.5	7	4	12	8	20	12
>50~80	5	3	8	5	15	10	25	15
>80~120	6	4	10	6	15	10	25	15
>120~180	8	5	12	8	20	12	30	20
>180~250	10	7	14	10	20	12	30	20

7.4.3 滚动轴承的表面粗糙度(见表7-2)

表7-2 滚动轴承的表面粗糙度

配合表面	轴承精度等级	配合面的尺寸公差等级	轴承公称内、外径(mm)	
			80	>80~500
			表面粗糙度 Ra 参数值(μm)	
轴颈	0	IT6	≤1	≤1.6
外壳孔		IT7	≤1.6	≤2.5
轴颈	6(6x)	IT5	≤0.63	≤1
外壳孔		IT6	≤1	≤1.6
轴肩和外壳肩端面	6	—	≤2	≤2.5
	6(6x)		≤1.25	≤2

【知识拓展】

滚动轴承标记

滚动轴承的种类很多,为了使用方便,将其结构、类型和内径尺寸等都用代号表示,即轴承代号。

轴承代号主要由基本代号组成。基本代号表示轴承的基本类型、结构和尺寸,它由轴承类型代号、尺寸系列代号和内径代号构成。基本代号一般用7位数字表示,但在标注时,最左边的"0"规定不写,所以最常见的为4位数字。其中右起第1、2位数字表示轴承内径;如00表示 $d=10$ mm,01表示 $d=12$ mm,02表示 $d=15$ mm,03表示 $d=17$ mm,从04始,以所示数乘以5得滚动轴承内径 $d=4×5=20$ mm,以此类推。尺寸系列由轴承宽度系列代号(推力轴承为高度系列代号)和直径系列代号组成,见表 7-3。右起第 4 位数字为轴承类型代号,如 6 为深沟球轴承,3 为圆锥滚子轴承,5 为推力球轴承。

表 7-3　尺寸系列代号

代号	7	8	9	0	1	2	3	4	5	6
宽度系列	—	特窄	特轻	窄	正常	宽	特宽			
直径系列	超特轻	特轻		特轻		轻	中	重	—	

举例说明如下:

规定标记:滚动轴承 6208 GB/T 276—2013

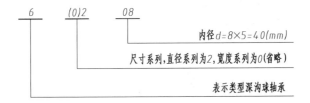

又如滚动轴承 7306 GB/T 297—2015 其中 7 表示圆锥滚子轴承,3 为中窄系列,内径 $d = 6 \times 5 = 30$(mm)。

滚动轴承的游隙指一个套圈固定时,另一个套圈沿径向或轴向由一个极端位置到另一个极端位置的最大活动量,如图 7-8 所示。

径向或轴向游隙过大,均会引起轴承较大的振动和噪声,以及轴的径向或轴向窜动。游隙过小,则因滚动体与套圈之间产生较大的接触应力而摩擦发热,以致轴承寿命下降。

游隙代号分为 6 组,常用基本代码为 0,且一般不标注。0 组称为基本组,其他组称为辅助组,游隙从小到大分别为 $C1$、$C2$、0、$C3$、$C4$、$C5$ 六组。滚动轴承径向游隙数值参见 GB/T 4604—2006。

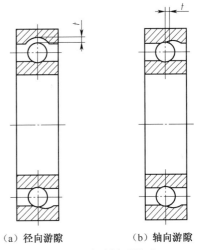

(a)径向游隙　　(b)轴向游隙
图 7-8　滚动轴承游隙

【任务实施】

1. 分析负荷类型及大小

齿轮减速器通过齿轮传递扭矩,轴承主要承受齿轮传递的径向负荷,由于轴承内圈承载轴一起转动,外圈固定,故该轴承内圈随轴旋转,配合较紧;外圈承受固定负荷,配合略松。

根据任务要求,有

$$F_r / C_r = 4\,000 / 3\,200 = 0.125$$

为正常负荷。

2. 确定轴承和外壳孔的公差带代号

根据图 7-4 和图 7-5,选取轴的公差带为 k5,孔的公差带为 H7,由于角接触球轴承配合对游隙的影响不大,轴的公差带可以用 k6 代替 k5。

3. 确定所选配合的间隙和过盈情况

0 级轴承的单一平面平均内径偏差为:上极限偏差为 0,下极限偏差为 -0.012 mm;单一平面平均外径偏差为:上极限偏差为 0,下极限偏差为 -0.015 mm。

根据标准公差和基本偏差数值表可得:轴为 $\phi 55\text{j}6\left(^{-0.007}_{-0.012}\right)$,孔为 $\phi 100\text{H}7\left(^{+0.035}_{0}\right)$。

4. 确定轴和外壳孔的几何公差及表面粗糙度

根据表 7-1 选取几何公差值:轴颈的圆柱度公差为 0.005 mm,外壳孔的圆柱度为 0.01 mm,轴肩端面圆跳动为 0.015 mm。

根据表 7-2 选取表面粗糙度值:轴颈 $Ra \leqslant 0.8\ \mu\text{m}$,外壳孔 $Ra \leqslant 3.2\ \mu\text{m}$。标注各项数值合理。

同 步 练 习

简答题

(1)简述滚动轴承内、外径公差带的特点?

(2)滚动轴承是如何分类的?

(3)轴承的游隙指什么? 游隙的大小对轴承安装与使用有何影响?

(4)滚动轴承的五个精度等级为哪些? 应用最广泛的是哪一级? 精度最高的是哪一级?

(5)轴承的内圈和轴、外圈和外壳孔采用什么配合制?

(6)试分析精密镗床的主轴轴承几级滚动轴承? 为什么?

任务 8　圆锥和角度的互换性与检测

【学习目标】

(1) 了解圆锥的概念、锥度与锥度系列;
(2) 掌握锥度及圆锥公差等相关表格的使用方法;
(3) 了解万能角度尺的结构,掌握其测量及读数方法;
(4) 了解正弦规检测锥度的方法及数据处理方法。

【任务描述】

圆锥轴零件图如图 8-1 所示,试将锥度换算成锥角,用正弦规或万能角度尺测量圆锥塞规的锥角,判断圆锥塞规的圆锥轴是否合格。

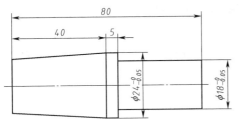

图 8-1　圆锥轴零件图

【知识链接】

圆锥配合(以及圆锥塞规)是机械结构中常用的典型配合,与圆柱体配合相比,它具有较高的同轴度、配合自锁性好、密封性好、可以自由调整间隙和过盈量、可以利用摩擦力传递扭矩等特点。但是,圆锥的几何参数较复杂,加工和检测也较为困难,使其应用受到了一定的限制。

8.1　圆锥配合的特点

8.1.1　同轴度高

在圆锥配合中,当配合存在间隙时,孔与轴的中心线就存在同轴度的误差,而圆锥配合则不同,内外圆锥沿轴向可做相对移动,可以减小间隙,甚至产生过盈,消除间隙引起的偏心,使两配合件的轴线重合,保证内外圆锥具有较高的同轴度。

8.1.2 配合性质可以调整

圆锥配合中可以通过调整配合间隙和过盈量的大小来满足不同工况情况对配合性质的要求。在圆柱配合中,相互配合的孔、轴的间隙和过盈量是不能调整的。而圆锥配合中可以通过内、外圆锥沿轴向产生相对位移来改变其配合间隙和过盈量的大小,从而达到改变配合性质的目的,且可以补偿表面的磨损,延长圆锥的使用寿命。

8.1.3 密封性好且便于拆装

圆锥配合中可以通过对内、外圆锥面的轴向位移来获得较紧的配合,所以其密封性较好。如果圆柱配合中要得到过盈配合,在装配时则需要用力压入(或用温差法装配),较困难,圆锥配合则可以通过内、外锥面轴向的位移来获得过盈量。

8.1.4 加工和检测较困难

由于圆锥配合在结构上较为复杂,影响互换性的因素较多,因此,圆锥的加工和检测较为困难。

8.2 圆锥的主要参数

在圆锥配合中,影响互换性的因素有很多,为了分析其互换性,必须熟悉圆锥配合的常用术语、定义及主要参数。

8.2.1 圆锥配合的常用术语及定义

(1)圆锥表面

圆锥表面是指与轴线成一定角度,且一端相交于轴线的一条直线段(母线),围绕着该轴线旋转形成的表面,其限定尺寸的不同出现了圆锥体和圆锥台,如图 8-2 所示。

(2)圆锥体

圆锥体是指圆锥表面与一定尺寸所限定的几何体。圆锥分为外圆锥和内圆锥。其中,外圆锥是指外表面为圆锥表面的几何体,如图 8-3(a)所示;内圆锥是指内表面为圆锥表面的几何体,如图 8-3(b)所示。

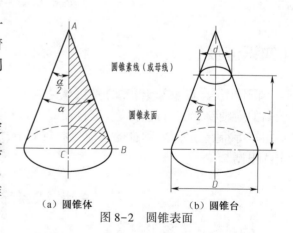

(a)圆锥体　　　　(b)圆锥台

图 8-2　圆锥表面

8.2.2 圆锥配合的主要参数

圆锥配合的主要参数包括圆锥角、圆锥直径、圆锥长度、锥度、圆锥配合长度和基面距。

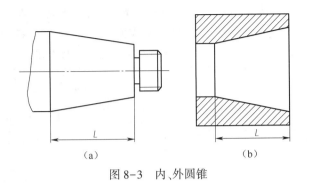

图 8-3　内、外圆锥

1）圆锥角

在通过圆锥轴线的截面内,两条素线间的夹角称为圆锥角,用 α 表示,如图 8-4 所示。

2）圆锥直径

圆锥直径是指垂直于圆锥轴线的截面直径,
如图 8-4 所示。常用的直径有:①最大圆锥直径
D;②最小圆锥直径 d;③给定截面圆锥直径 d_x。

3）圆锥长度

最大圆锥直径截面与最小圆锥直径截面之
间的轴向距离称为圆锥长度 L,如图 8-4 所示。

4）锥度

最大圆锥直径 D 和最小圆锥直径 d 之差与
圆锥长度之比为锥度(C),如图 8-4 所示。其计算公式为

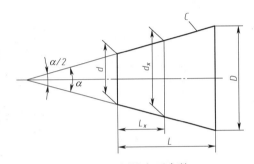

图 8-4　圆锥主要参数

$$C = \frac{D - d}{L} \tag{8-1}$$

锥度(C)与圆锥角(α)的关系为

$$C = 2\tan\left(\frac{\alpha}{2}\right) = 1 : \frac{1}{2}\cot\frac{\alpha}{2} \tag{8-2}$$

锥度一般用比例或分式形式表示。式(8-1)、式(8-2)反映了圆锥直径、长度、圆锥角和
锥度之间的相互关系,为基本公式。

5）基面距

基面距是指内、外圆锥配合中,外圆锥基准平面(轴肩或轴端盖)与内圆锥基准平面(端
面)间的距离,用基面距决定内、外圆锥的轴向相对位置。

8.3　圆锥公差与配合

8.3.1　锥度与锥角系列

GB/T 157—2001 对一般用途圆锥的锥度与锥角规定了 21 个基本系列,见表 8-1 所示。锥

度从120°到小于1°,或锥度从1:0.289~1:500。选用时,优先选用表中系列1。GB/T 157—2001对特殊用途圆锥的锥度和锥角规定了24个基本值系列,仅适用于特殊行业和用途。

表8-1 一般用途圆锥的锥度与锥角系列(摘自 GB/T 157—2001)

基本值		推 算 值			
系列 1	系列 2	圆锥角 α			锥角 C
		(°)(′)(″)	(°)	rad	
120°		—	—	2.094 394 10	1:0.288 675 1
90°		—	—	1.570 796 33	1:0.500 000 0
	75°			1.308 996 94	1:0.651 612 7
60°		—	—	1.047 197 55	1:0.866 025 4
45°				0.785 398 16	1:1.207 106 8
30°				0.523 598 78	1:1.866 025 4
1:3		18°55′28.719 9″	18.904 644 42°	0.330 297 35	—
	1:4	14°15′0.117″	14.250 032 70°	0.248 703 69	
1:5		11°25′16.270 6″	11.421 186 27°	0.199 337 30	
	1:6	9°31′38.220 2″	9.527 283 38°	0.166 282 46	
	1:7	8°10′16.440 8″	8.171 233 56°	0.142 614 93	
	1:8	7°9′9.607 5″	7.152 668 75°	0.124 837 62	
1:10		5°43′29.317 6″	5.724 810 45°	0.099 916 79	
	1:12	10°46′18.797 0″	4.771 888 06°	0.083 285 16	
	1:15	3°49′5.897 5″	3.818 304 87°	0.066 641 99	
1:20		2°51′51.092 5″	2.864 192 37°	0.049 989 59	
1:30		1°54′34.857 0″	1.909 682 51°	0.033 330 25	
1:50		1°8′45.158 6″	1.145 877 40°	0.019 999 33	
1:100		34′22.630 9″	0.572 953 02°	0.009 999 92	
1:200		17′11.321 9″	0.286 478 30°	0.004 999 99	
1:500		6′52.529 5″	0.114 591 52°	0.002 000 00	

莫氏锥度在工具行业总应用非常广泛,有关参数、尺寸及公差已经标准化。表8-2所示为莫氏锥度工具圆锥。

表8-2 莫氏工具锥度(摘录)

圆锥符号	锥度	圆锥角 2α	锥度的极限偏差	锥角的极限偏差	大端直径(mm)		量规刻线间距(mm)
					内锥体	外锥体	
N00	1:19.212=0.052 05	2°58′54″	±0.000 6	±120″	9.045	9.212	1.2
N01	1:20.047=0.049 88	2°51′26″	±0.000 6	±120″	12.065	12.240	1.4
N02	1:20.020=0.049 95	2°51′41″	±0.000 6	±120″	17.780	17.980	1.6
N03	1:19.922=0.050 20	2°52′32″	±0.000 6	±100″	23.825	24.051	1.8
N04	1:19.254=0.051 94	2°58′31″	±0.000 5	±100″	31.267	31.542	2
N05	1:19.002=0.052 63	3°0′53″	±0.000 4	±80″	44.399	44.731	2
N06	1:19.180=0.051 24	2°59′12″	±0.000 35	±70″	63.348	63.760	2.5

注:锥角的极限偏差是根据锥度的极限偏差折算列入的。

8.3.2　圆锥公差标准

国家标准《产品几何量技术规范(GPS)圆锥的锥度与锥角系列》(GB/T 157—2001)适用于锥度 C 从 1：3~1：500、圆锥长度 L 从 6~630 mm 的光滑圆锥工件。

圆锥公差的项目有圆锥直径公差、圆锥角公差、圆锥的形状公差和给定截面圆锥直径公差。

1)圆锥直径公差

圆锥直径的允许变动量称为圆锥直径公差,用 T_D 表示。其公差带是两个极限圆锥所组成的区域,如图 8-5 所示。圆锥直径公差带在圆锥全长上是等宽的,即圆锥的任一正截面上的直径公差带是一致的。

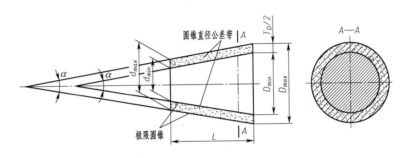

图 8-5　极限圆锥及直径公差带

在垂直圆锥轴线的给定截面内,圆锥直径的允许变动量称为给定截面圆锥直径公差,用 T_{Ds} 表示。如图 8-6 所示,给定截面圆锥直径公差只适用于给定截面。

要注意 T_{Ds} 与圆锥直径公差 T_D 的区别,T_D 对整个圆锥上任意截面的直径都起作用,而 T_{Ds} 只对给定的截面起作用。对一个圆锥而言,一般不同时给出 T_D 和 T_{Ds} 两个项目。

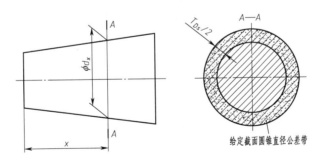

图 8-6　给定截面圆锥直径公差

2)圆锥角公差

圆锥角的允许变动量称为圆锥角公差,用 AT 表示。其公差带是由两个极限圆锥角所限定的区域。圆锥角公差 AT 共分为 12 个公差等级,分别由 $AT_1,AT_2,\cdots,AT_{12}$ 表示。其中,AT_1 的公差等级最高,AT_{12} 的公差等级最低。部分公差等级的圆锥角公差数值见表 8-3。如需更高或更低等级的圆锥公差时,可按公比 1.6 向两端延伸得到。更高等级用 AT_0、AT_{01} 等表示,更低等级用 AT_{13}、AT_{14} 等表示。圆锥角公差由 AT_α 和 AT_D 表示,AT_α 用角度表示,AT_D 用长度表示。

如图 8-7 所示。AT_α 和 AT_D 的关系为：

$$AT_D = AT_\alpha L \times 10^{-3}$$

其中，AT_D 单位为 μm，AT_α 的单位为 μrad 或 $''$，L 的单位为 mm。

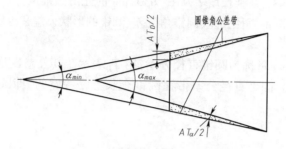

图 8-7　圆锥角公差带

表 8-3　圆锥角公差（摘自 GB/T 11334—2005）

基本圆锥 长度 L(mm)	AT_5			AT_6			AT_7		
	AT_α		$AT_{(D)}$	AT_α		$AT_{(D)}$	AT_α		$AT_{(D)}$
	μrad	(')(")	μm	μrad	(')(")	μm	μrad	(')(")	μm
>25~40	160	33"	>4.0~6.3	250	52"	>6.3~10.0	400	1'22"	>10.0~16.0
>40~63	125	26"	>5.0~8.0	200	41"	>8.0~12.5	315	1'05"	>12.5~20.0
>63~100	10	21"	>6.3~10.0	160	33"	>10.0~16.0	250	52"	>16.0~25.0
>100~160	80	16"	>8.0~12.5	125	26"	>12.5~20.0	200	41"	>20.0~32.0
>160~250	63	13"	>10.0~16.0	100	21"	>16.0~25.0	160	33"	>25.0~40.0

基本圆锥 长度 L (mm)	AT_8			AT_9			AT_{10}		
	AT_α		$AT_{(D)}$	AT_α		$AT_{(D)}$	AT_α		$AT_{(D)}$
	μrad	(')(")	μm	μrad	(')(")	μm	μrad	(')(")	μm
>25~40	630	2'10"	>16.0~20.5	1 000	3'26"	>25~40	1 600	5'30"	>40~63
>40~63	500	1'43"	>20.0~32.0	800	2'45"	>32~50	1 250	4'18"	>50~80
>63~100	400	1'22"	>25.0~40.0	630	2'10"	>40~63	1 000	3'26"	>63~100
>100~160	315	1'05"	>32.0~50.0	500	1'43"	>50~80	800	2'45"	>80~125
>160~250	250	52"	>40.0~63.0	400	1'22"	>63~100	630	2'10"	>100~160

当对圆锥角公差无特殊要求时，可用圆锥直径公差加以限制；当对圆锥角精度要求较高时，则应单独规定圆锥角公差。

当圆锥角的极限偏差可按单项取值或对称与不对称的双向取值时，结果如图 8-8 所示。

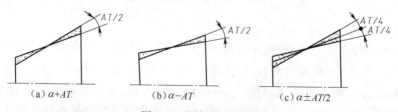

(a) $\alpha + AT$　　　(b) $\alpha - AT$　　　(c) $\alpha \pm AT/2$

图 8-8　圆锥角公差带

3）圆锥角形状公差

圆锥的形状公差包括素线直线度公差和截面圆度公差。圆锥素线直线度公差是指在圆锥轴向平面内,允许实际要素形状的最大变动量。圆锥截面圆度公差值是在垂直于圆锥轴线方向的截面上允许截面形状的最大变动量。

4）给定截面圆锥直径公差

给定截面的圆锥直径公差是指在垂直于圆锥轴线的给定截面内,允许圆锥直径的变动量。以给定截面圆锥直径 d_x 为公称尺寸,按 GB/T 1800.1 规定的标注公差选取。

圆锥公差的给定方法:对于具体的圆锥,应根据累计的功能和要求规定所需的公差项目,不必给出上述所有的公差项目。GB/T 11334—2005 规定了以下两种圆锥公差的给定方法。

①给出圆锥的公称圆锥角 α(或锥度 C)和圆锥直径公差 T_D。由圆锥直径公差 T_D 确定两个极限圆锥。此时,圆锥角误差和圆锥的形状误差均应在极限圆锥所限定的区域内。

②给出给定截面圆锥直径公差和圆锥角公差 AT。此时,给定截面圆锥直径和圆锥角应分别满足这两项公差的要求。

当对圆锥形状公差有更高的要求时,可再给出圆锥的形状公差。

8.4　圆锥配合

《产品几何量技术规范(GPS)圆锥配合》(GB/T 12360—2005)适用于锥度 C 从 1∶3～1∶500、圆锥长度 L 从 6～630 mm、底面直径 500 mm 及以内的光滑圆锥的配合。

圆锥配合是以基本圆锥相同的内、外圆锥直径之间,由于结合松紧的不同所形成的相互关系。在标准中规定了两种类型的圆锥配合,即结构型圆锥配合和位移型圆锥配合。

8.4.1　结构型圆锥配合

结构型圆锥配合是指由内、外圆锥体本身的结构或基面距来确定装配后的最终相对位置而获得的配合。采用这种配合方式可以得到间隙配合、过渡配合和过盈配合。

图 8-9(a)所示为由内、外圆锥结构(外圆锥的轴肩与内圆锥大端端面接触)来确定装配后的最终轴向相对位置,以获得指定的圆锥间隙配合的情形。

图 8-9(b)所示为由内、外圆锥基准平面之间的结构尺寸 E_a(即基面距)来确定装配后的最终轴向相对位置,以获得指定的圆锥过盈配合的情形。

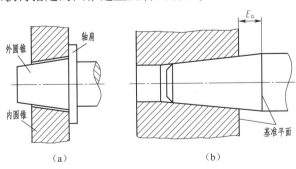

（a）　　　　　　　　　（b）

图 8-9　结构型圆锥配合

8.4.2 位移型圆锥配合

位移型圆锥配合是指由内、外圆锥在装配时位移一定相对轴向位置来确定装配后的最终轴向相对位置而获得的配合。位移型圆锥配合可以是间隙或过盈配合。

如图 8-10(a)所示为由内、外圆锥在装配时的实际初始位置开始,沿轴向做一定量的相对轴向位移 E_a 达到终止位置,以获得指定的间隙配合;

如图 8-10(b)所示为由内、外圆锥在装配时的实际初始位置开始,施加一定的装配力产生轴向位移 E_a 达到终止位置,以获得指定的过盈配合。

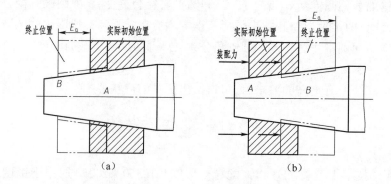

图 8-10　位移型圆锥配合

对于结构型圆锥配合和位移型圆锥配合,在确定配合的内、外圆锥轴向位移的方式上各有特点,因此,在圆锥配合计算和给定圆锥公差时要区别对待,它们的特点见表 8-4。

表 8-4　结构型圆锥配合和位移型圆锥配合的特点

特　点	结构型圆锥配合	位移型圆锥配合
装配的终止位置	固定	不固定
配合性质的确定	圆锥直径公差带	轴向位移方向及大小
配合精度	圆锥直径公差带	轴向位移公差
圆锥直径公差带	影响配合性质、接触质量	影响初始位置、接触质量

8.4.3 圆锥配合的使用

GB/T 12360—2005 规定的圆锥配合,其内、外圆锥通常都按给出圆锥的公称圆锥角 α(或锥度 C)和圆锥直径公差 T_D 确定。

(1)结构型圆锥配合推荐优先采用基孔制。内、外圆锥直径公差带代号及背后按 GB/T 1801—2009 选取,如果 GB/T 1801—2009 中规定的不能满足要求时,可以按 GB/T 1801.1—2009 规定的基本偏差和标准公差组成所需的配合。

(2)位移型圆锥配合的内、外圆锥直径公差带代号的基本偏差推荐选用 H、h、JS、js。其中轴向位移极限值($E_{a\max}$、$E_{a\min}$)和轴向位移公差(T_E)可按下列公式计算。

对间隙配合：

$$E_{amax} = \frac{|X_{max}|}{C}$$

$$E_{amin} = \frac{|X_{min}|}{C}$$

$$T_E = \frac{|X_{max} - X_{min}|}{C}$$

式中　X_{max}、X_{min}——配合最大、最小间隙。

　　　　C——锥度

对过盈配合：

$$E_{amax} = \frac{|Y_{max}|}{C}$$

$$E_{amin} = \frac{|Y_{min}|}{C}$$

$$T_E = \frac{|Y_{max} - Y_{min}|}{C}$$

式中　Y_{max}、Y_{min}——配合最大、最小过盈量。

8.5　圆锥公差要求在图样上的标注

GB/T 15754—1995 中规定了圆锥尺寸和公差在图样上的标注方法。

圆锥尺寸标注方法见表 8-5。

表 8-5　圆锥尺寸的标注

标 注 方 法	图　例
由最大端圆锥直径 D、圆锥角 α 和圆锥长度 L 组成	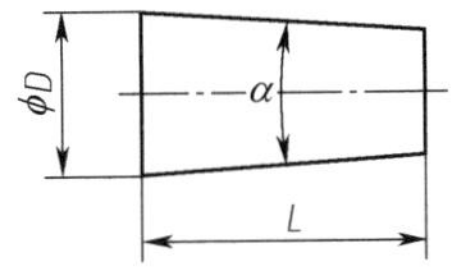
由最小端圆锥直径 d、圆锥角 α 和圆锥长度 L 组成	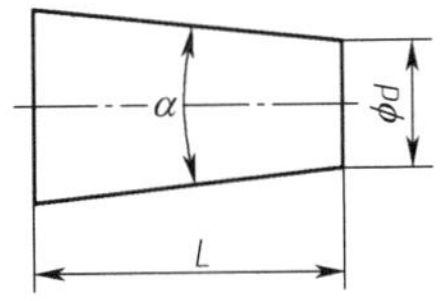

续表

标 注 方 法	图 例
由给定截面处直径 d_x、圆锥角 α、给定截面的长度 L_x 和 圆锥总长度 L' 组成	
由最大端圆锥直径 D、最小端圆锥直径中 d 及圆锥长度 L 组成	
增加附加尺寸 $\frac{\alpha}{2}$,此时 $\frac{\alpha}{2}$ 应加括号作为参考尺寸	

8.6 锥 度 标 注

8.6.1 锥度尺寸标注

圆锥的锥度尺寸标注方法如图 8-12 所示。标注的锥度是标准圆锥系列之一(尤其是莫氏锥度或公制锥度)时,可采用标准系列号和相应的标记表示,如图 8-11(d)所示。

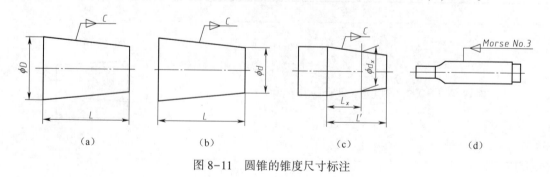

(a)　　　　　(b)　　　　　(c)　　　　　(d)

图 8-11　圆锥的锥度尺寸标注

8.6.2 圆锥公差的标注

圆锥公差的标注有以下两种方法。

(1)只标注圆锥某一线值尺寸的公差,将锥度和其他的有关尺寸作为标准尺寸(理想尺寸标注在方框内,不标注公差)。

①给定圆锥角的圆锥公差标注法如图 8-12 所示。

②给定锥度的圆锥公差标注法如图 8-13 所示。

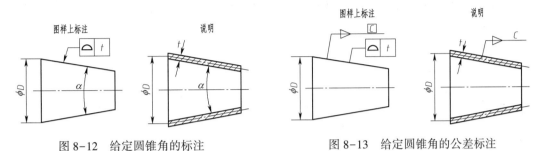

图 8-12　给定圆锥角的标注　　　　　　　图 8-13　给定圆锥角的公差标注

③给定圆锥轴向位置的圆锥公差标注法如图 8-14 所示。

④给定圆锥轴向位置公差的圆锥公差标注法如图 8-15 所示。

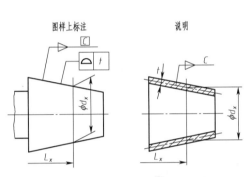

图 8-14　给定圆锥轴向位置的公差标注

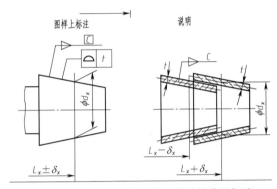

图 8-15　给定圆锥轴向位置公差的公差标注

若圆锥合格,则其锥角误差、形状误差及其直径误差等都应包容在公差带内。这一标注方法的特点是在垂直于圆锥轴线的所有截面内公差值的大小均相同。

(2)在标注圆锥某一尺寸(D 或 L)的公差外,还要标注其锥度的公差。这种标注方法的特点是在垂直于圆锥轴线的不同截面内,公差大小不同,如图 8-16 所示。在锥度公差和某一尺寸公差的组合下,形成了圆锥表面的最大界限和最小界限。

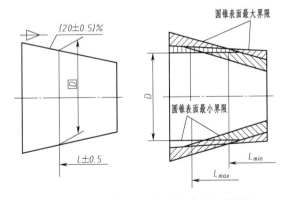

图 8-16　给定圆锥轴向位置公差的公差标注

具体采用哪种方法标注,要根据圆锥零件的使用要求而定。

8.6.3　圆锥配合的公差标注

根据 GB/T 12360—2005 的要求,相配合的圆锥应保证各装配件的径向和(或)轴向位置,标注两个相配圆锥的尺寸及公差时,应确定:①具有相同的锥度或圆锥角;②标注尺寸公差的圆锥直径的基本尺寸一致;③直径或位置的理论正确尺寸与两相配件的基准平面有关,如图 8-17 所示。

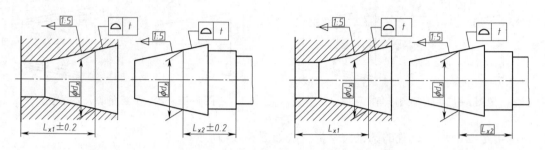

图 8-17　相配合的圆锥的公差标注

8.7　圆锥及锥角测量

8.7.1　正弦规测量

正弦规是利用正弦函数原理精确地检验工件的锥度或锥角偏差的常用计量器具,正弦规测量是利用了三角函数中的正弦关系进行零件角度度量,故又称为正弦尺或正弦台,适用于测量圆锥角小于 40°的锥度。

如图 8-18 所示为用正弦规检验圆锥塞规的示意图,测量前,首先根据被检验的圆锥塞规的公称锥角算出量块组的高度,公式为

$$h = \sin \alpha \times L \qquad (8-3)$$

式中　α——正弦规放置的角度;

　　　h——量块组尺寸;

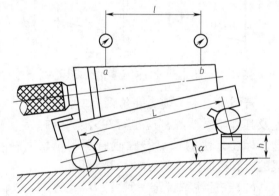

图 8-18　正弦规检验圆锥塞规示意图

　　　L——正弦规两圆柱的中心距。

将正弦规放在平板上,圆柱之一与平板接触,另一圆柱下垫以量块组,则正弦规的工作平面相对于平板倾斜 α 角,放上圆锥工件后,用百分表分别测量被检圆锥工件上 a、b 两点,a、b 两点读数之差 Δh 对 a、b 两点间距离 l 的比值即为锥度偏差 Δc(rad,有正负号),即

$$\Delta c = \frac{\Delta h}{\tau} \qquad (8-4)$$

如果换算成锥角偏差 $\Delta a(")$ 时,可按下式近似计算:

$$\Delta a = 2ac \times 10^5 \qquad (8-5)$$

实际测量时,Δa 若为正说明实际锥角大于理论锥角,为负则说明实际锥角小于理论锥角。

8.7.2 万能角度尺测量

万能角度尺是用来测量工件内、外角度的量具，万能角度尺的结构如图 8-19 所示，它由主尺、扇形板、游标、直角尺、直尺和卡块等部分组成。其测量精度有 2′ 和 5′ 两种，测量范围为 0~320°。

(1)万能角度尺的计数方法

①先读出游标尺零刻度尺前面的整度数。

②再看游标尺第几条刻红和尺身刻红对齐，读出度的"′"数值。

③最后两者相加就是测量角度的数值。

(2)万能角度尺的测量步骤

①将被测工件清洗干净并擦干。

②根据被测角度的大小，按图 8-20 所示的四种

图 8-19 万能角度尺实物图

测量组合方式之一调整好万能角度尺，分别用于测量 0 ~ 50°、50° ~ 140°、140° ~ 230°、230° ~ 320°。

③松开万能角度尺锁紧装置，用角度尺的基尺和直尺与被测工件角度的两边贴合好，旋转制动头，以固定游标，再取下工件读出角度值。

④在不同的部位测量若干次(一般是 6~10 次)，按一般尺寸的判定原则判断其合格性。

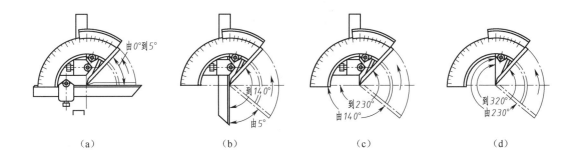

| (a) | (b) | (c) | (d) |

图 8-20 万能角度尺的测量组合图

8.7.3 圆锥量规的测量

圆锥量规一般用于成批、大量生产的内、外圆锥的锥度和基面距偏差的综合检验。检验内锥体用圆锥塞规，如图 8-21(a)所示。检验外锥体用圆锥环规，如图 8-21(b)所示。量规的基准端刻有两圈相距为 m 的细线或做一个轴向距为 m 的台阶，若被测件基面在 m 区域内，则判为合格。

检验锥度可用涂色法，在量规表面沿素线方向涂上 3 ~ 4 条均匀的显色剂(红凡粉或蓝油)，并与零件研合转动一周后，取出量规，根据接触面的位置和大小判断锥度误差，若显色剂均匀地被擦去，说明锥角正确。

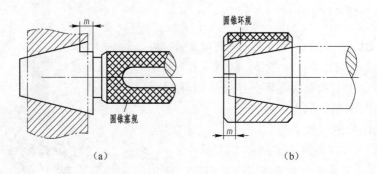

图 8-21　圆锥量规的测量

【任务实施】

圆锥塞规检测报告见表 8-6。

表 8-6　圆锥塞规检测报告

被测零件名称			
检测项目	图纸要求	计量器具规格	实测结果
合格性判断			

同 步 练 习

1. 判断题

(1)车床主轴的圆锥度轴颈与圆锥轴衬套的配合是过渡配合。　　　　　　　　( )

(2)圆锥角的极限偏差只能按双向取值。　　　　　　　　　　　　　　　　　( )

(3)结构型圆锥配合可以是间隙配合、过渡配合或过盈配合。　　　　　　　　( )

(4)标注两个相配合圆锥的尺寸及公差时,应确定标注尺寸公差的圆锥直径的基本尺寸
一致　　　　　　　　　　　　　　　　　　　　　　　　　　　　　　　　　　( )

(5)用正弦规测量圆锥角属于直接测量。　　　　　　　　　　　　　　　　　( )

2. 选择题

(1)与圆柱配合相比,圆锥配合具有( )特点。

　　A. 同轴度高　　　　　　　　　　　B. 加工方便

　　C. 间隙可以调整　　　　　　　　　D. 密封性好

(2)圆锥配合的主要参数有( )。

　　A. 圆锥直径　　　　　　　　　　　B. 圆锥角

　　C. 圆锥角度　　　　　　　　　　　D. 锥度

(3)圆锥角公差分为( )个公差等级。

　　A. 10　　　　　　　　　　　　　　B. 12

　　C. 16　　　　　　　　　　　　　D. 18

(4)圆锥公差包括(　　)。

　　A. 圆锥直径公差　　　　　　　　B. 圆锥形状公差

　　C. 圆锥角公差　　　　　　　　　D. 给定截面的圆锥直径公差

(5)常用的圆锥直径有(　　)。

　　A. 最小圆锥直径　　　　　　　　B. 极限圆锥直径

　　C. 最大圆锥直径　　　　　　　　D. 给定截面上的圆锥直径

3. 简答题

(1)某圆锥的最大直径为 100 mm,最小直径为 95 mm,圆锥长度为 100 mm,试确定其锥度 C 和基本圆锥角 α。

(2)圆锥配合有哪几种? 如何选用?

(3)有一位移型圆锥配合,锥度 C 为 1∶50,基本圆锥直径为 100 mm,要求配合后得到 H8/s7 的配合性质,试计算极限轴向位移及轴向位移公差。

(4)常用的检测与锥角的方法有哪几种?

任务 9　渐开线圆柱齿轮的互换性与检测

【学习目标】

(1)掌握渐开线齿轮偏差项目及偏差代号；
(2)能准确查询渐开线齿轮公差及极限偏差；
(3)掌握渐开线齿轮的测量工具及其原理；
(4)理解并掌握渐开线齿轮各参数的检测方法；
(5)掌握测量渐开线齿轮分度圆齿厚的原理和方法；
(6)掌握测量渐开线齿轮公法线长度的方法；
(7)掌握测量齿轮径向跳动误差的原理和方法。

【任务描述】

齿轮是指轮缘上有齿轮连续啮合传递运动和动力的机械元件。用什么工具检测该零件，并判断该零件上尺寸是否合格。

为了保证齿轮在传动中有准确的传动比和正确的传动性能，齿轮在加工完成后，需要进行测量。主要测量项目包括齿轮的分度圆齿厚、公法线长度和径向跳动误差。

现要求测量图 9-1 所示的齿轮。

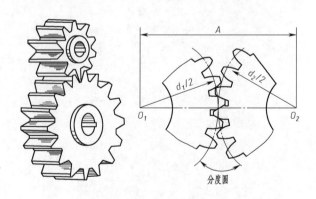

图 9-1　齿轮传动

【知识链接】

9.1 渐开线标准直齿圆柱齿轮的基本尺寸

9.1.1 渐开线标准直齿圆柱齿轮各部分的名称和符号

图9-2(a)所示为一标准直齿圆柱齿轮的一部分,齿轮的轮齿均匀分布在圆柱面上。每个轮齿两侧的齿廓都是由形状相同、方向相反的渐开线曲面组成,其各部分名称和符号如下:

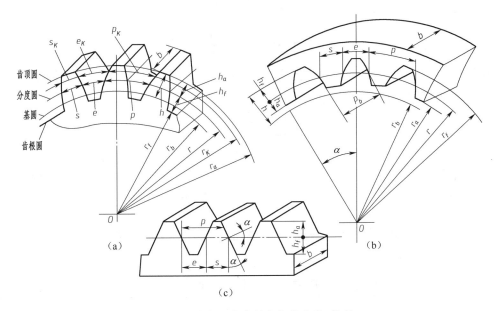

图9-2 直齿圆柱齿轮各部分名称、代号

齿顶圆:指由齿顶所确定的圆,其半径用 r_a 表示,其直径用 d_a 表示。

齿根圆:指由齿槽底部所确定的圆,其半径用 r_f 表示,其直径用 d_f 表示。

齿厚:指在任意半径 r_K 的圆周上,同一轮齿齿廓间的弧长,用 s_K 表示

齿槽宽:指在任意半径 r_K 的圆周上,轮齿两侧齿槽之间的弧长,用 e_K 表示。

齿距:指在任意半径 r_K 的圆周上,相邻两齿同侧齿廓间的弧长,用 p_K 表示。显然,$p_K = s_K + e_K$。在基圆上相邻两齿同侧齿廓间的弧长称为基圆齿距,用 p_b 表示,显然 $p_b = s_b + e_b$。

法向齿距:指相邻两齿同侧齿廓间在法线上的距离,用 p_n 表示。由渐开线的性质可知 $p_n = p_b$。

分度圆:指为了便于设计、制造、测量和互换,在齿顶圆和齿根圆之间,取一个圆作为计算齿轮各部分几何尺寸的基准,其半径和直径分别用 r 和 d 表示。规定分度圆上的齿厚、齿槽宽、齿距、压力角等符号一律不加角标,如 s、e、p、a、d 等。

齿宽:指沿齿轮轴线方向测得的齿轮宽度,用 b 表示。

齿顶高:指分度圆与齿顶圆之间的径向距离,用 h_a 表示。

齿根高:指分度圆与齿根圆之间的径向距离,用 h_f 表示。

全齿高:指齿顶圆与齿根圆之间的径向距离,用 h 表示。显然,$h = h_f + h_a$。

图 9-2(b)所示为直齿内齿轮,它的轮齿分布在齿圈的内表面上。

图 9-2(c)所示为直齿齿条。

9.1.2 直齿圆柱齿轮的基本尺寸

(1)齿数。齿数是在齿轮整个圆周上分布的轮齿总数,用 z 表示。

(2)模数。分度圆上齿距 p 对 π 的比值称为模数,其数学表达式为

$$m = p/\pi$$

分度圆直径 d 与齿距 p 及齿数 z 之间的关系为:

$$\pi d = pz \Leftrightarrow d = \frac{p}{\pi} z$$

由于式中包含了无理数 π,为了便于计算、制造和检验,特规定 p/π 为一个简单的有理数值,并把它称为模数,用 m 表示(mm)。

即

$$\boxed{d = mz}$$

于是得到

$$m = \frac{p}{\pi}$$

模数是决定齿轮尺寸的一个基本参数,我国已经规定了标准模数系列。设计齿轮时,应采用规定的标准模数系列,见表 9-1。

由模数的定义可知,模数越大,齿轮尺寸也越大,承载能力也就越高;反之则齿轮尺寸越小,承载能力也就越低。

表 9-1 渐开线圆柱齿轮标准模数系列表(GB/T 1357—2008)

第一系列	0.12	0.15	0.2	0.25	0.3	0.4	0.5	0.6	0.8	1	1.25	1.5	2	2.5
	3	4	5	6	8	10	12	16	20	25	32	40	50	
第二系列	0.35	0.7	0.9	1.75	2.25	2.75	(3.25)	3.5	(3.75)	4.5	5.5	(6.5)	7	9
	(11)	14	18	22	28	(30)	36	45						

(3)压力角。

通常把渐开线在分度圆上的压力角简称为压力角,用 α 表示。我国规定标准压力角 $\alpha = 20°$。于是,分度圆的定义为:分度圆是具有标准模数和标准压力角的圆。

由式(9-6)可得

$$\cos \alpha = \frac{r_b}{r} = \frac{d_b}{d} = \frac{d_b}{mz} \tag{9-1}$$

(4)齿顶高系数和顶隙系数。

为了以模数 m 为基本参数进行计算,齿顶高和齿根高可取为

$$h_a = h_a^* m \tag{9-2}$$

$$h_f = h_a^* m + c = (h_a^* + c^*)m \tag{9-3}$$

对于圆柱齿轮,标准规定齿顶高系数和间隙系数分别为

正常齿制:$h_a^* = 1.0\ c^* = 0.25$

短齿制:$h_a^* = 0.8\ c^* = 0.3$

短齿制齿轮主要应用于汽车、坦克、拖拉机、电力机车等的齿轮传动系统。

对于模数、压力角、齿顶高系数及顶隙系数均为标准值,且分度圆上的齿厚等于齿槽宽的齿轮,称为标准齿轮。

(5)标准直齿圆柱齿轮几何尺寸计算。

标准直齿圆柱齿轮所有尺寸均可由以上 5 个参数来表示或计算,其几何尺寸的计算公式见表 9-2。

表 9-2　标准直齿圆柱齿轮几何尺寸的计算公式

名称	符号	计 算 公 式
齿顶高	h_a	$h_a = h_a^* m$
齿根高	h_f	$h_f = h_a^* m + c = (h_a^* + c^*)m$
全齿高	h	$h = h_a + h_f = (2h_a^* + c^*)m = 2.25m$
齿距	p	$p = m\pi$
齿厚	s	$s = p/2 = m\pi/2$
齿槽宽	e	$e = s = m\pi/2$
基圆齿距	p_b	$p_b = \pi m \cos\alpha$
分度圆直径	d	$d = mz$
基圆直径	d_b	$d_b = d\cos\alpha = mz\cos\alpha$
齿顶圆直径	d_a	$d_a = d \pm 2h_a = (z \pm 2h_a^*)m$
齿根圆直径	d_f	$d_f = d \mp 2h_f = (z \mp 2h_a^* \mp 2c^*)m$

9.2　渐开线标准直齿圆柱齿轮的测量

万能测齿仪是纯机械式的手动测量仪器,可以测量齿轮和涡轮的齿距偏差、齿距累积误差、基节偏差、公法线平均长度偏差、公法线长度变动误差、齿轮径向跳动误差等,如图 9-3 所示。

9.2.1　主要技术参数

被测齿轮的模数:1~10 mm。

被测齿轮的最大直径:360 mm。

两顶尖间的极限距离:50~330 mm。

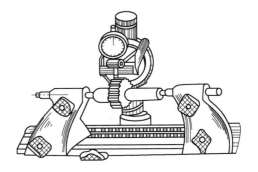

图 9-3　用万能测齿仪检测齿轮径向跳动误差

测量台能达到的高度范围:150 mm。

读数装置的分度值:0.001 mm。

9.2.2　仪器的组成

(1)带顶尖的拱形支架手轮的转动可以带动内部的锥齿轮和涡轮副,使支架绕水平轴与弧形支座一起沿底座的环形 T 形槽回转,并可通过螺钉将其紧固在任意位置上。

(2)测量工作台上装有由特制单列向心球轴承组成的纵、横方向的导轨,使工作台沿纵、横方向的运动精密而灵活,保证测量头能顺利地进入测位。液压阻尼器使测量工作台前后方向的运动保持恒速,且可以调整快慢。除齿轮径向跳动误差外,其他四项参数都是在测量工作台上,通过更换各种不同的测量头来进行测量的。

(3)螺旋支承轴用于支承测量工作台,旋转与其配合的大螺母,可使测量工作台上升或下降,并能锁紧于任意位置。

(4)测量齿轮径向跳动误差的附件专门用于测量齿轮的径向跳动误差,其测量心轴可在由向心球轴承组成的导轨上灵活地移动,测量齿轮径向跳动误差的可换球形测量头就紧固在测量心轴轴端的支臂上。

(5)定位装置定位杆可前后拖动,以便逐齿分度。

9.2.3　测量原理

(1)齿距偏差和齿距累积误差的测量以被测齿轮的旋转轴心为基准定位,将被测齿轮的任意一个齿距对零后,逐齿测量其余各齿的相对误差值,通过数据处理得到测量结果。

(2)基节偏差的测量根据被测齿轮基节的公称值,用量块将两测量头对零后,使其逐齿与被测齿轮两个相邻的同侧齿廓接触,从读数装置中获得偏差值。

(3)公法线平均长度偏差及变动量的测量根据被测齿轮公法线的公称值,用量块将两测头对零,然后用定位装置定位并测量读数。逐齿测量完毕后,全部读数的平均值为公法线平均长度偏差,最大读数与最小读数之差为公法线长度变动误差。

(4)齿轮径向跳动误差的测量根据被测齿轮的模数选取球形测头,用径向跳动测量附件逐齿测量,最大读数与最小读数之差即为测量结果。

【任务实施】

1. 齿轮分度圆齿厚的测量

为了保证齿轮在传动中形成一定的齿侧间隙,可在加工齿轮时,使齿条刀具由公称位置向齿轮中心位置作一定的位移,从而使加工出来的轮齿的齿厚也随之减薄。因此,可通过测量齿厚来反映齿轮传动时齿侧间隙的大小,通常是测量分度圆上的弦齿厚。分度圆的弦齿厚可用齿轮游标卡尺,以齿顶圆作为测量基准进行测量,如图 9-4 所示。图中 E_{sns}、E_{sni}、T_{sn} 分别为齿厚上偏差、齿厚下偏差和齿厚公差。测量时,所需数据可用下列公式计算或通过查表得到。

标准直齿圆柱齿轮($\alpha=20°$)分度圆上的公称弦齿高 h 与公称弦齿厚 s 分别为

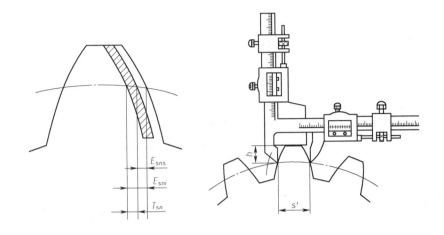

图 9-4　用齿轮游标卡尺测量分度圆齿厚

$$h = m\left[\,1 + z/2(1 - \cos90°/z)\,\right]$$
$$s = mz \times \sin90°/z$$

齿轮分度圆齿厚的检测步骤如下：

（1）根据被测齿轮的参数和对齿轮精度的要求，按公式计算 h、s。

（2）用外径千分尺测量齿轮齿顶圆的实际直径 $d_{a实际}$，按 $h' = h + (d_{a实际} + d_a)/2$ 得到修正的 h 值。

（3）按 h' 值调整齿轮游标卡尺的垂直游标尺高度板的位置，然后将其游标加以固定。

（4）将齿轮游标卡尺置于被测轮齿上，使垂直游标尺的高度与轮齿的齿顶可靠地接触。然后移动水平游标卡尺的量爪使它和另一量爪分别与轮齿的左、右齿面接触（齿轮的齿顶与垂直游标卡尺的高度板之间不得出现间隙），从水平游标尺上可读出弦齿厚的实际值 s。

2. 齿轮公法线长度的测量

公法线长度 W 是指与两异名齿廓相切的两平行平面间的距离。如图 9-5 所示，该两切点的连线相切于基圆，因而选择适当的跨齿数，可在齿高中部量得公法线长度。与测量齿厚相比，测量公法线长度时的测量精度不受齿顶圆直径偏差和齿顶圆柱面对齿轮基准轴线的径向圆跳动的影响。

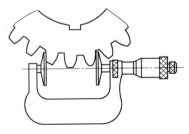

图 9-5　公法线千分尺

齿轮公法线的长度可根据不同精度的齿轮，用游标卡尺、公法线千分尺、公法线指示卡规和专用公法线卡规等任何具有两平行面量脚的量具或仪器进行测量，但必须保证量脚能插入被测齿轮的齿槽，且与齿侧渐开相切。

公法线的公称长度。公法线长度偏差 E_W 是指实际公法线长度与公称公法线长度 W_k 之差。直齿轮的公称公法线长度可按下式计算

$$W_k = m\cos\,\alpha_f\left[\,\pi(k - 0.5) + z\mathrm{inv}\alpha_f\,\right] + 25\varepsilon\sin\,\alpha_f$$

式中，m——被测齿轮的模数；

α_f——被测齿轮的分度圆压力角；

z——被测齿轮的齿数；

ε——齿轮的变位系数；

inv——渐开线函数，$inv20° = 0.014$；

k——跨齿数。

当 $\alpha_f = 20°$，$\varepsilon = 0$ 时，k 和 W_k 分别按下列公式计算

$$k = z/9 + 0.5(取整数)W$$

$$W_k = m[1.47(2k - 1) + 0.014z]$$

3. 公法线平均长度的极限偏差及公差

上极限偏差 　　　　　$E_{bns} = E_{sns}\cos\alpha - 0.72F_r\sin\alpha$

下极限偏差 　　　　　$E_{bni} = E_{sni}\cos\alpha - 0.72F_r\sin\alpha$

公差 　　　　　　　　$T_{bn} = T_{sn}\cos\alpha - 2 \times 0.72F_r\sin\alpha$

式中，E_{sns}——齿厚上极限偏差；

E_{sni}——齿厚下极限偏差；

E_{bns}——公法线长度上极限偏差；

E_{bni}——公法线长度下极限偏差；

T_{sn}——齿厚公差；

T_{bn}——公法线长度公差；

F_r——齿圈径向跳动公差；

α——压力角。

齿轮公法线长度的测量步骤如下：

(1)根据被测齿轮的参数、精度和齿厚要求计算 w、k、E_{bns}、E_{bni} 的值。

(2)熟悉量具，调试(或校对)零位(将标准校对棒放入公法线千分尺的两测量面之间校对零位)，并记下校对格数。

(3)跨相应的齿数，沿着轮齿三等分的位置测量公法线长度，记入检测报告。

(4)整理测量数据，并给出适用性结论。

4. 齿轮径向跳动误差的测量

齿轮径向跳动误差 ΔF_r 是指在齿轮一转范围内，测量头在齿槽内或轮齿上与齿高中部双面接触过程中，测头相对齿轮轴线距离的最大变动量，即最大值与最小值之差，如图 9-6 所示。它可以用齿圈径向跳动仪，也可以用万能测齿仪等具有顶针架的仪器进行测量。检测时，将被测齿轮与心轴一起顶在左右顶针之间，两顶针架在滑板上，转动手轮可使滑板及其上的承载物一起左右移动。在底座后方的螺旋立柱上有一表架，百分表装在表架前的弹性夹头中，拨动抬升器可将百分表的测头放入或退出齿槽。齿圈径向跳动仪还附有不同直径的测头，用于测量各种模数的齿轮；它还附有各种杠杆，用于测量圆锥齿轮和内齿轮的齿圈跳动。

齿轮径向跳动误差的测量步骤如下：

（1）根据被测齿轮的模数选取合适的测头，并将测头装在百分表测杆的下端。

（2）将被测齿轮套在心轴上（无间隙），并装在跳动仪的两顶针之间，松紧要合适（无轴向窜动，但又转动自如）锁紧螺钉。

（3）转动手轮，移动滑板，使被测齿轮齿宽中部处于百分表测头的位置，锁紧螺钉。压下抬升器，转动调节螺母，调节表架的高度，但不要表架转位；放下抬升器，使测头与齿槽双面接触，并压百分表 0.2~0.3 mm，然后将百分表调至零位。

（4）压下抬升器，使百分表测头离开齿槽，然后将被测齿轮转过一齿，放下抬升器，读出百分表的数值并记录。

（5）重复步骤（4），逐齿测量并记录。

（6）用数据中的最大值减去最小值即为齿轮径向跳动误差 ΔF_r。

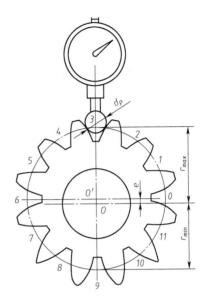

图 9-6　用齿圈径向跳动仪
测量齿轮的径向跳动

【知识拓展】

渐开线齿廓的根切现象及变位齿轮

1. 渐开线齿廓的根切现象及限制最小齿数

1）渐开线齿廓的根切现象

如图 9-7（a）所示，用范成法加工齿轮时，若刀具的齿顶线（或齿顶圆）超过理论啮合线极限点 N_1 时，则由基圆以内无渐开线的性质可知，超过 N_1 点的刀刃不仅不能切出渐开线齿廓，而且会将根部已加工的渐开线切去一部分，如图 9-7（b）所示，这种现象称为根切。根切大大削弱了轮齿的弯曲强度，降低了齿轮传动的平稳性和重合度，故应避免。

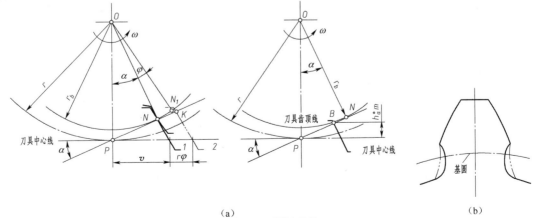

（a）

（b）

图 9-7　根切现象

2）最小齿数

如图9-8所示，要使被切齿轮不产生根切，刀具的齿顶线不得超过齿条刀具与齿轮啮合的极限点 N_1，这一要求与被切齿轮的齿数有关。

若点 B 为刀具齿顶线与啮合线的交点，则要避免根切，显然应使 $PN_1 \geqslant PB$，由于

$$PN_1 = \frac{mz\sin \alpha}{2} \quad PB = \frac{h_a^* m}{\sin \alpha}$$

由此可得 $Z \geqslant \dfrac{2h_a^*}{\sin^2\alpha}$

即

$$z_{min} = \frac{2h_a^*}{\sin^2\alpha} \qquad (9\text{-}4)$$

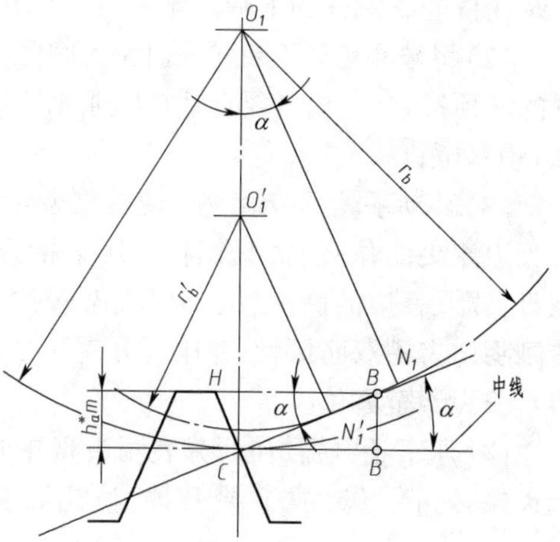

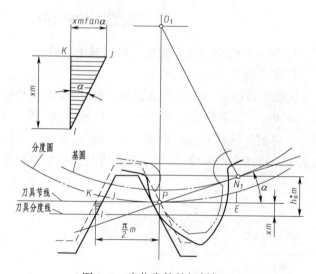

图 9-8　避免根切的条件

因此，我们可以得出如下结论：

（1）正常齿制：

$$\alpha = 20°, h_a^* = 1.0 \text{ 时}, z_{min} = 17$$

（2）短齿制：

$$\alpha = 20°, h_a^* = 0.8 \text{ 时}, z_{min} = 14。$$

2. 变位齿轮

1）概述

如图9-9所示，若要避免根切，可以将刀具远离轮心 O_1 一段距离（xm）至实线位置，使刀具的齿顶线低于极限点 N_1。这种在不改变被切齿轮齿数的情况下，通过改变刀具与齿坯相对位置而达到不发生根切的方法称为变位，按照这种方法切制出来的齿轮称为变位齿轮。

刀具移动的距离称为变位量，用 xm 表示，单位为 mm。其中，x 称为变位系数，m 为模数。刀具远离轮心的变位称为正变位，此时 $x>0$；刀具移近轮心的变位称为负变位，此时 $x<0$。标准齿轮就是变位系数 $x=0$ 的齿轮。

图 9-9　变位齿轮的切削加工

变位齿轮的模数、齿数、分度圆和基圆与标准齿轮的一样，无变化；但变位齿轮的齿厚、齿顶圆、齿根圆与标准齿轮不同，发生了变化。

在齿形方面，变位齿轮的齿廓曲线和相应的标准齿轮的齿廓曲线是由相同基圆展成的渐开线，只是各自所取的部位不同。

采用变位齿轮,不仅在被切齿轮的齿数 $Z<Z_{min}$ 时,可以避免根切,而且当实际中心距与标准中心距不等时,可用变位齿轮来凑配中心距,还可采用变位齿轮来提高轮齿的强度和承载能力。

2)变位齿轮传动的类型和特点

(1)零传动。

①标准齿轮传动(第一类零传动): $x_1 + x_2 = 0$,且 $x_1 = x_2 = 0$。互换性好,设计简单,齿数受最小齿数限制。适用于无特殊要求的场合。

②等变位齿轮传动(第二类零传动或高度变位齿轮传动): $x_1 + x_2 = 0$,且 $x_1 = -x_2$。小齿轮采用正变位,其齿数可小于 Z_{min} 而不产生根切,使两齿轮的抗弯强度大致相等。没有互换性,必须成对设计、制造和使用。

(2)正传动。

$x_1 + x_2 > 0$,正传动可以减小齿轮机构的尺寸,使其承载能力有较大提高,但重合度 ε_α 减小较多。没有互换性,必须成对设计、制造和使用。

(3)负传动。

$x_1 + x_2 < 0$,负传动的重合度 ε_α 略有增加,但齿轮的强度有所下降,承载能力降低,所以负传动应用较少,一般仅用于配凑中心距这种特殊需要的场合。没有互换性,必须成对设计、制造和使用。

正传动和负传动又称不等变位齿轮传动,即 $x_1 + x_2 \neq 0$,其特点是齿顶高 h_a、齿根高 h_f 发生了变化,且啮合角也发生了变化,故又称为角度变位齿轮传动。

3. 变位齿轮几何尺寸计算

由变位齿轮的切制原理可知,变位齿轮的模数、压力角仍与刀具相同,所以分度圆直径、基圆直径和齿距也都与标准齿轮相同。但轮齿尺寸有所变化,具体计算公式见表 9-3。

表 9-3　外啮合变位直齿圆柱齿轮的几何尺寸计算公式

名称	符号	计 算 公 式
分度圆直径	d	$d = mz$
齿厚	s	$s = m\pi/2 + 2xm\tan\alpha$
啮合角	α'	$\text{inv}\,\alpha' = \text{inv}\,\alpha + \dfrac{2(x_1 + x_2)}{z_1 + z_2}\tan\alpha$ 或 $\cos\alpha' = \dfrac{a}{a'}\cos\alpha$
节圆直径	d'	$d' = d\cos\alpha/\cos\alpha'$
中心距变动系数	Δy	$\Delta y = x_1 + x_2 - y$
齿高变动系数	y	$y = \dfrac{a' - a}{m} = \dfrac{z_1 + z_2}{2}\left(\dfrac{\cos\alpha}{\cos\alpha'} - 1\right)$
齿顶高	h_a	$h_a = h_a^* m$
齿根高	h_f	$h_f = h_a^* m + c = (h_a^* + c^*)m$
齿全高	h	$h = h_a + h_f = (2h_a^* + c^*)m = 2.25\,m$
齿顶圆直径	d_a	$d_a = d \pm 2h_a = (z \pm 2h_a^*)m$
齿根圆直径	d_f	$d_f = d \mp 2h_f = (z \mp 2h_a^* \mp 2c^*)m$

同 步 练 习

测量图 9-10 所示的齿轮,并将测量报告填入表 9-4 和表 9-5。

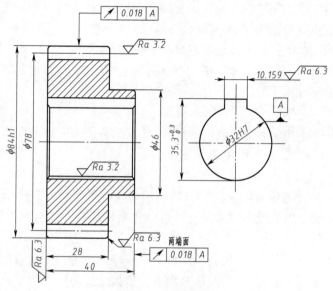

图 9-10 测量齿轮

表 9-4 测量报告

测量项目　　　序号	1	2	3	4	5	6
公法线实际长度						
公法线长度变动 $\Delta F_W = W_{max} - W_{min}$						
公法线平均长度						
公法线平均长度偏差 $\Delta E_{Wm} = W_{平均} - W$						
合格性结论						

表 9-5 测量报告

测量项目　　　序号	1	2	3	4	5	6
齿厚实际尺寸						
齿厚实际偏差						
合格性结论						

参 考 文 献

[1] 徐茂公.公差配合与技术测量[M].4版.北京:机械工业出版社,2018.

[2] 曾秀云.公差配合与技术测量[M].北京:机械工业出版社,2019.

[3] 董庆怀.公差配合与技术测量[M].北京:机械工业出版社,2018.

[4] 黄云清.公差配合与测量技术[M].3版.北京:机械工业出版社,2018.

[5] 方昆凡.公差配合与配合使用手册[M].北京:机械工业出版社,2012.

[6] 任嘉卉.公差与配合手册[M].3版.北京:机械工业出版社,2013.

[7] 何兆凤.公差配合与测量[M].北京:机械工业出版社,2007.

[8] 荀占超.公差配合与测量技术[M].北京:机械工业出版社,2018.

[9] 陈少斌,戴素江,万春芬.公差配合与机械测量[M].北京:高等教育出版社,2013.

[10] 王伯平.互换性与测量技术基础[M].4版.北京:机械工业出版社,2018.

[11] 朱红.公差配合与几何测量检测技术[M].北京:机械工业出版社,2018.

[12] 张兆隆.公差配合与几何测量检测技术[M].北京:机械工业出版社,2017.